家居装修
从入门到精通

张晨嘉◎编著

预算篇

北京时代华文书局

图书在版编目（CIP）数据

家居装修从入门到精通. 预算篇 / 张晨嘉编著. -- 北京 : 北京时代华文书局, 2021.7
ISBN 978-7-5699-4214-9

Ⅰ. ①家… Ⅱ. ①张… Ⅲ. ①住宅－室内装修－建筑设计 Ⅳ. ①TU767

中国版本图书馆 CIP 数据核字 (2021) 第 104580 号

家居装修从入门到精通 预算篇

JIAJU ZHUANGXIU CONG RUMEN DAO JINGTONG YUSUAN PIAN

编　　著 | 张晨嘉

出 版 人 | 陈　涛
选题策划 | 王　生
责任编辑 | 周连杰
封面设计 | 刘　艳
责任印制 | 刘　银

出版发行 | 北京时代华文书局 http://www.bjsdsj.com.cn
北京市东城区安定门外大街136号皇城国际大厦A座8楼
邮编：100011　电话：010-64267955　64267677
印　　刷 | 三河市祥达印刷包装有限公司　电话：0316-3656589
（如发现印装质量问题，请与印刷厂联系调换）
开　　本 | 710mm×1000mm　1/16　印　张 | 12.5　字　数 | 194千字
版　　次 | 2022 年 1 月第 1 版　印　次 | 2022 年 1 月第 1 次印刷
书　　号 | ISBN 978-7-5699-4214-9
定　　价 | 168.00元（全 3 册）

前　言

“预则立”，做好预算打造经济实用理想家

“凡事预则立，不预则废”这句话用到家庭装修领域也再合适不过。合适的预算能让业主省钱，也能让装修材料以最合适的价格发挥最难以替代的作用。

所谓“装修预算”，一般主要包含基础装修主要材料和辅助材料的费用、设计的费用、施工人员的费用和管理的费用。

材料的费用分为主要材料的费用和辅助材料的费用，这方面往往是装修中支出较大的一部分，尤其在包工包料的装修方式中也是存在陷阱最多的地方。业主需要了解材料材质、使用量，甚至可以亲自上网或者到建材装饰材料城进行集中调研。业主货比三家后，了解到产品材质、用量及单价后，大概计算一下装修的总费用。这样，装修公司给业主提供相关报价单时，可以避免一头雾水。需要格外注意的是，报价单一般是装修前先行给业主的，而且很多时候里面标注的价格业主打眼看来觉得不高，这是因为装修公司一般标注的是单价，而非总价，而且并没有标注规格、型号和品牌。这样业主便可以根据自己的调查和装修公司提供的报价单进行对比，然后根据自己的经济状况，对材料的品牌、材质再进行调换。

施工费用指的是装修工人的人工费，一般按实际工作天数来结算。这项费用某段时间内是比较固定的，不过也可以砍价，但是切忌选用没有资质的临时组建的施工队，因为这种施工队无论是安全性还是施工质量都无法保证。

设计费用，主要指的是设计师的费用。尽管很多业主觉得自己的房子又不追求高大上，只要舒适温馨即可，所以觉得请不请设计师无所谓。但实际上每个房子的装修都是个性化定制，因为每个家庭情况不一样，需求不一样，喜好和习惯也不一样，预算也不相同，而装修房子又算是每个家庭的大事。因此，聘请专业的设计师

先沟通交流需求，再进行计划的专业设计是十分有必要的。

家装中的管理费用，指的是装修公司为业主进行监督、出谋划策、上下协调的相关费用，一般不会很昂贵。当然如果业主时间和精力比较充裕的话，这部分费用其实是可以节省下来的。

总而言之，装修花费的金钱多少与业主经济能力和使用空间的需求密切相关，并且与所选择的装修材料材质、品牌、规格，业主对装修的档次和预算有直接关系。装修还是应该提前做好规划，以免超支或者花冤枉钱！

目 录
contents

第四章　找好设计师，减免不必要开支

第五章　找到适合风格，不乱花一分钱

第六章　选好建材，实用又省钱

第七章 做好施工预算，减少额外支出

第八章　做好空间预算，节约支出少返工

第九章　明确软装配饰，降低预算浮动

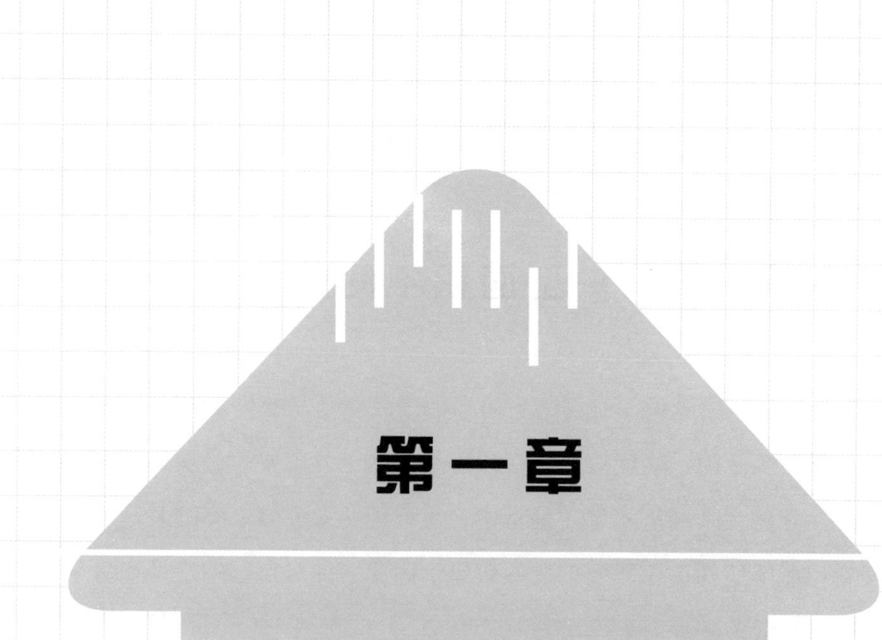

第一章

装修前做好规划

第一节 户型面积不同预算不同

买房对于很多家庭来说，是件大喜事，但是装修却是一件麻烦又耗费金钱的事情。因此，开始装修前，家庭做好装修预算是一件十分重要和必要的事情。毕竟从经济的角度，家庭装修经济实惠才是重中之重。毕竟大多数家庭的装修经费是有限的，而又希望能够达到自己想要的装修效果，因此，针对自己的户型和房屋面积做好预算具有重要意义。

1.50平方米内的小户型： 小户型的房子一般很受单身人士或者刚结婚的丁克一族青睐。麻雀虽小五脏俱全，小户型的基础装修肯定是必不可少的，包括水电、墙面、地面、屋顶、油漆、木工等基础项目。卧室、客厅、阳台的地砖铺设，一般选择较有质量保证的品牌地砖，赶到双十一或者促销的时候，一般可以打七八折，每平70元左右，还需要附加人工铺设的费用。厨房、卫生间的地砖可以选择略微经济实惠一些的，大概每平方米40元左右，再算上人工铺设费用，大概万元以内。厨房、卫生间的吊顶，根据不同材料，费用大不相同，塑钢类的材质包工包料的话40到50元每平方米，铝合金材质的话则需要70元每平方米。房间墙面、天花板的油漆粉刷，大概需要花费2000元。

1-1-1 小户型卫浴间图片

卧室、卫生间、厨房的硬装，以及卫生间、厨房的软装也都不可或缺。各个房间的门窗，普通免漆门一个700元左右(包含五金锁具、装置和把手)。橱柜一套的话，包含橱柜和水槽龙头和拉篮，一般按每平方米700元来计算，当然具体价格也要看橱柜材质和五金配件的质量和品牌来确定。浴室需要按照马桶、面盆、花洒及相关五金配件，大概3000元搞定。改水电的话，差不多3500元足矣。各种基本家电包含电视、冰箱、洗衣机、热水器、空调、抽油烟机、电饭煲、微波炉、净水器等大概需要2万元。

1－1－2 小户型装修设计

整体算下来50平方米以内的家装价格在5万元左右。

2.90平方米以内的中小户型：这样的户型一般适合大部分三口之家或者上了年纪的老两口居住。首先要考虑墙面的粉刷，尤其进行布线安装后，墙面可能面临重新修补、粉刷，大概每平方米3元。全屋的墙壁整体粉刷油漆的话，无论从装修趋势还是环保健康的角度，大部分会选择价格在600元左右的多乐士、三棵树、立邦等环保乳胶漆。但是如果喷漆前刮两遍腻子的话，钱主要花在抹腻子师傅人工费用上。整个90平墙面涂装差不多万元可以完成。厨房的瓷砖除了根据个人喜好，还应该考虑实用性。千万不要购买那些看起来有立体感表面凹凸不平的瓷砖，因为厨房和卫生间本就容易藏污纳垢，现在的年轻人又不善于清洁打扫，时间一长，油污和细菌容易粘连在缝隙中很难清洁，更影响空间的洁净度和美观度。

1-1-3　中小户型装修后的效果图

洁具一般可以选择二三线品牌，浴缸、面盆、马桶、花洒、水龙头、镜子、毛巾杆、浴霸、地漏等五金配件，大概6000到10000元不等。橱柜材质、品牌不同，价格也有差异，一般大约800到900元每平方米。客厅一般使用石膏吊顶大约每平方米250元，厨卫的吊顶大概在每平方米400元。品牌橱柜比较方便，质量有保障，价格一般万元起。近几年很多家庭都会选择定制衣柜，价格在1000到2200元每平方米不等，成品衣柜较为便宜，价格在几百到几千不等。阳台衣架一般三百元搞定。灯具价格一般千元就可以满足全屋的需求。

整体算下来，90平方米以内的房屋装修预算在10万元左右。

3.100平方米以上的大中户型：简单装修的话，这样的大户型也需要考虑基础装修和主材、家具和洁具的选择。时间上的话，最快也得两到三个月，最节约也得10万元左右。中高档装修的话，预算至少需要15万元及以上，时间最少需要三到四个月。一般的包工包料的话，水电改造2万元，客厅餐厅装修3万元，卧室装修2万元，次卧和书房装修2万元，卫生间1万元，阳台装修和厨房安装3万，综合工程2万，具体价格以具体装修实际情况为准。

1-1-4　大户型装修设计图片

装修是个综合性的工程，无论是人工，还是材料价格，都会充满了很多不确定的因素，也分了很多不同的档次和品牌。因此，每个家庭都需要装修前进行全方位精密地计划和布局，确定出适合自己经济条件和喜好的方案和预算。

第二节　不同家居风格预算

业主需求不同，装修费用自然不同，尤其是现在装修风格种类繁多，年轻人又喜欢个性化的装修风格，因此，业主可以根据预算选择适合自己的装修风格，也可以根据网上设计案例，找寻自己喜欢的装修风格，再做好装修预算。

常见的装修风格有以下几种。

1.新中式装修风：强调中式元素与现代化工艺的结合。家具选择以红、黑色为主，风格大气恢宏，适合成功商业人士。一般价格在12万元左右。

1-2-1　新中式装修风格效果图

2.欧式自然装修风：特点就是舒服、自然、清新，色调以浅色清冷色系为主，装修较为简洁，年轻人比较喜欢这种风格。一百平方米的房屋装修费用一般在7万元左右。

1-2-2　欧式自然装修风效果图

3.现代简约装修风：强调环保和设计元素的简约化，家具和灯具的选择更倾向于现代、前卫和简单，凸显“超前”的设计理念。这种装修方式的目的是减压，强调功能性，让人们真正回归生活真谛。一般市场报价在8万到10万。

1-2-3　现代简约装修风效果图

4.古典装修风：强调古朴的气质，尤其色调强调深色稳重和淳朴，家具多选实木材质，注重细节精致和细腻，给人一种高雅、端庄的感觉，适合怀旧又对生活品质有一定追求的人士。一般装修价格在15万元左右。

1-2-4　古典装修风格效果图

5.宜家装修风：这种装修风格适合小户型业主，预算6万元左右，给人温暖、舒适和放松的感觉。

1-2-5　宜家装修风效果图

不同装修风格预算不同，业主可以根据自己的经济实力做个大概的预算，来决定自己的装修风格。如果业主自己本身对风格没有多少想法或者概念，则可以上网搜索相关案例和样板间，或者针对自己喜欢的家具、地板、灯具等元素进行拓展，找到自己喜欢的风格，再让设计师根据自己的想法进行设计和完善即可。

第三节　不同档次装修预算

新房装修，业主只有对各个档次的装修预算有所了解，才能做到心里有数，并根据自己的喜好和预算来选择合适的装修材料。准备装修房子的业主可以参考一下下面的资料！

1.不同档次的装修大概多少钱一平方米：（1）豪华精装修≥1900元/㎡；（2）高级精装修1500元/㎡；（3）中等档次装修1000元/㎡；（4）大众化装修700元/㎡；（5）简单装修400元/㎡。

2.不同等级的装修价格：

（1）简单装修：从装修时间上看，简单装修自然是最节省时间的，一般需要一个半月到两个月的时间。简单装修内容并不复杂，主要是将厨房、浴室、卫生间该安装的橱柜、洁具都安装好，电视、冰箱、空调、洗衣机置办齐全，然后把水电线路弄好，把墙面刮一遍大白即可。

1-3-1　简单装修房屋效果图

（2）中档装修：从时间长度上比简单装修要长，一般需要三个月左右的时间，内容包含厨房、卫生间的用具安装，相关装饰的装修，还包括一些定制家具的安装设计等，计算下来中档装修成本大约在10万元左右。

1－3－2　中档装修房屋效果图

（3）高档装修：从时间长度来讲，高档装修所需时间最长，至少需要半年以上的时间。装修内容除了包含简单和中档装修内容之外，还包含设计师提供的符合业主要求的设计风格和图纸，搭配高档家具、智能家电，一线品牌的洁具、油漆、五金配件等。一般成本在15万以上，如果业主要求更高的品质，装修总价会更高。

1-3-3　高档装修房屋效果图

1.水电安装价格

(1)水路安装价格

水管是装在明面上还是装在暗处价格是不一样的，材质不同价格也不一样。

水管暗装，材质为20PR—R，价格在65元/米；下水管如果材质为50PVC，价格为65元/米。

水管明装，材质为20PR—R，价格在40元/米。

(2)电路安装价格

电线主要涉及线材和线管的相关耗材费用。电线主要包含网线、电视线、音响线、音频线、视频线等线材。线管主要是弱电安装和强电安装。

弱电安装：暗管价格30元/米，明管价格20元/米。

强电安装：暗管价格40元/米，明管价格30元/米。

2.墙面地面价格

(1)墙面价格

业主想要华丽一点风格的装修，一般会选择贴墙纸或者墙布。墙纸的价格一般是按卷计算的，材质为PVC，一卷墙纸能铺5平方米墙面，价格在30~80元不等，核算下来10~20元/㎡。墙布材质多为无纺布，价格150~350元/卷，核算下来价格20~60元/㎡不等。业主要求更高的话，可以使用价位在85~280元之间的高档墙布装饰。

厨房和卫生间的墙面也需要贴墙砖，一般的墙砖价格在10~30元/㎡，质量和品牌好一些的二线墙砖价格在40~90元/㎡，一线品牌的墙砖价位在100~300元/㎡。

1-3-4　卫生间墙砖装修效果图

（2）地面价格

地面装修主要涉及地砖的铺设，究竟选择实木地板还是瓷砖需要根据业主自己的喜好和整体装修风格确定。强化地砖的话，低档的价位在35~80元/㎡不等，中档次的地砖则在90~120元/㎡不等，高档的则在120~180元/㎡。

实木地板价格较为昂贵，低档实木地板的价格在200元/㎡，中档实木地板的价格则在450元/㎡，高档实木地板的价格则高达900元/㎡。

1-3-5　厨房或者卫生间地砖装修效果图

3.卫浴洁具及施工价格

（1）卫生间选择马桶还是蹲便，根据业主个人习惯，具体价位根据预算来进行选择。普通的马桶一般300~500元之间，中档的马桶600~900元不等，高档的马桶多为智能马桶，带温水冲洗、音乐，自动铺膜、暖风烘干等功能，价格较为昂贵在1000~5000元不等。

普通的蹲便及水箱价格在400元以内，中端的价格在500~700元，高端的则在700~1000元。

（2）淋浴普通的需要500~1000元不等，中等的需要1000~1500元不等，高端的需要1500~3000元不等。

（3）厨卫吊顶：材质不同价格不同。

塑钢板价格在60~200元/㎡，铝扣板价格在100~150元/㎡，防潮石膏板价格为120元/㎡。

1-3-6　厨房或者卫生间装修效果图

4.其他五金类配件价格

水龙头质量不同价格不一，有8元、10元、15元、20元的。水表规格不同价格也不一样，有15元、20元、25元、35元的。水管总阀门一般30元左右，换阀门一般25元一个，冲洗阀20元左右。

电表规格一般比较固定，规格在10A—60A，价格在25元左右。断路器的安装主要是为了切断发生故障的电路，保护用电安全，规格为16A—60A价格大概在10元左右。排气扇保障室内通风，规格在250mm以下的价格为35元/台。插座，最好购置品牌插座，选择带开关的多孔插座，价格在35元左右。各种开关，价格8元/个。

以上价格仅供参考，因为装修报价受到很多因素影响，比如设计师装饰方法、装修风格、装修材料品牌、房屋所属区域等，因此，具体装修价格以装修公司最终协商为准。

第四节 装修工程各种承包方式

一般来说，目前装修公司采取的承包方式主要有三种：半包、全包、清包。

半包：也叫包工包辅料，是当下年轻人比较热衷的选择。意思就是指由装修公司来进行施工工程和相关辅助材料的采买，主材（家电、洁具、家具、水龙头、锁具、门窗等）由业主自己根据需要和喜好进行采购。半包的特点就是主材可以业主自选，一方面防止了装修公司滥竽充数，另一方面价格和质量也可以自己衡量把关。这种装修方式比较适合时间充裕，有过装修经历，对装修有那么一点研究的人群。缺点就是在签订合同时，需要厘清装修内容和责任，否则后续会比较麻烦。

全包：就是包工又包料，一言以蔽之就是把装修材料采买和整个房屋施工工程全部外包给装修公司，业主只需要支付相关费用即可。很明显，这种装修方式对于业主来说省心省力。但是，需要业主找正规有装修资质的专业公司为好，尤其需要了解设计师是否有专业能力，对装修施工需要的材料的材质、品牌、规格、数量都了解清楚。另外，业主在和装修公司进行合同签订时，还需要看清楚关于验收和付款相关事项。

清包：对业主的考验比较大，需要业主全程参与，自己选择装修主材和辅材，不适合初次装修的人士。虽然自己选择材料，理想状态是选择又好又实惠的材料，但是实际上辅材的透明度不高，很难选到称心如意的商品，只能吃哑巴亏。而且这种装修方式太耗费时间和精力，需要实时跟进，及时查漏补缺，否则就会贻误工期。一旦耽误了工期，最终的责任难以划分。

实际上，无论业主选择哪一种装修承包方式，都需要根据自己实际情况进行抉择，核心就是找专业的人专业的公司做专业的事情，否则钱不少花，但是坑不少踩。

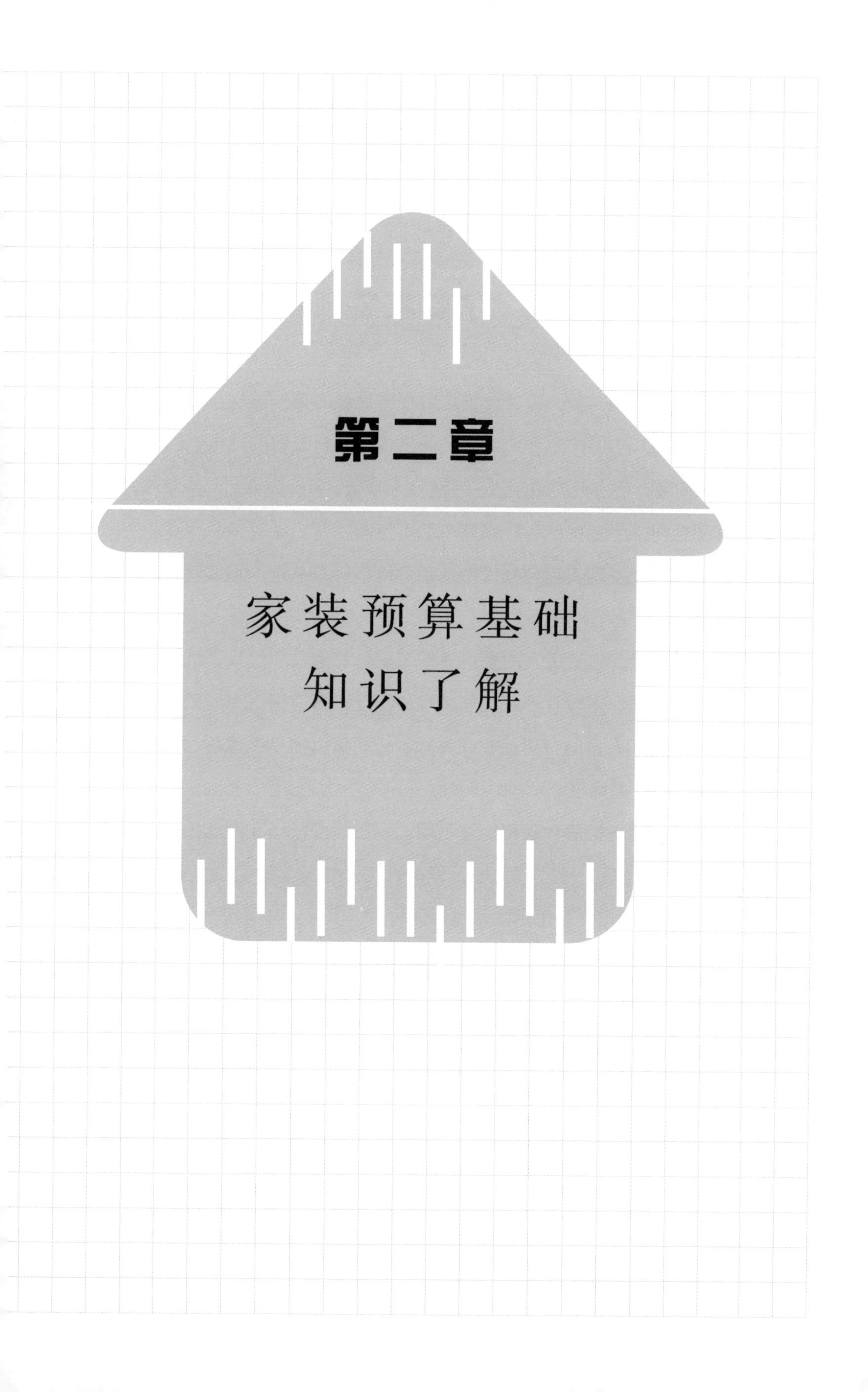

第二章

家装预算基础知识了解

第一节　了解家装预算陷阱

“购置新房装修忙死人”，这大概是所有购房者的第一感觉。一方面，购房者都是上班族，一天八小时的工作时间，一周最多抽一两天时间到自己的新房监督一下装修进度和质量，不可能时刻跟进工程进度和质量；另一方面，尽管装修之前和装修公司签订了合同，但是由于各种预算项目不透明，往往导致装修预算和实际价格严重不符，业主这才发现实际装修价格与预算价格相差甚远。那么，我们就来看一下装修公司常见的预算陷阱有哪些。

虚报人工费用。施工工人的费用并不像主材和家具、灯具、洁具那样有明码标价，人工费用根据户主设计产生的施工难易程度和当前用工市场酬劳以及工人熟练度制定。如果施工人员的费用控制在实际价格两倍以内可以理解，超过一般人工费用的三倍则明显就是虚报。

装修使用的材料材质和规格标注不明。一般装修公司在跟业主报价时，会把使用材料的品牌、材质、尺寸都写明，但是真正开始施工时会“偷梁换柱”“偷工减料”。比如给业主承诺的是采用实木线条的材质，实际上却采用合成木质的线条，合成木价格远比全实木和实木木皮便宜得多。再比如装修公司承诺针对强电线路排放会这样报价：“主材200元每组，辅材50元每组，人工180元每组。”需要注意的是，装修公司承诺的单位是“组”，也就是说没有规定具体使用数量和材料内容材质。这种报价就水分很大。还有的装修公司会以次充好，承诺的大品牌材料，最终却用二线三线品牌代替。

2-1-1　家装图

虚报装修材料的使用量。装修公司喜欢把使用材料数量较大的项目故意少报使用量，目的就是让顾客觉得价格实惠，把总价压下去，这样相比于其他公司更具竞争力。还有的装修公司故意多报材料使用量，比如把120平方米的三室两厅的房子，1.5平电线使用量实际5卷500米足以，故意虚高报成850米。房屋装修虽然说使用材料不可能做到完全相符，但是误差应该控制在一个合理的范围，故意少报或者多报一半的用量肯定是不行的。

重复报价。这是装修公司最常使用的陷阱手段之一。比如，石膏板吊顶的装修实际上包含了灯槽的开孔、筒灯、射灯位置的选择，但是很多装修公司选择只标注加工灯槽内部价格。还有的装修预算报价中本来已经收了墙面油漆的钱，但是后续还会额外计算涂刷线条表面的价格，这就是重复计算和收费。

2-1-2　家装灯具图

用专业术语或者淘汰的工艺迷惑客户。很多业主对装修行业的专业术语不了解，也并不熟悉一些工艺，有些装修公司会故意设计陷阱迷惑业主，一旦业主不满意需要拆改就会坐地起价再收费。这种情况经常发生在家庭装修没有经过设计的时候。施工完成之后，客户发觉装修很不符合自己的想法，于是提出重新拆装，装修公司会故意说这种重新拆除、再施工的情况是需要另外高价收费的。

混乱算法。大部分业主并不懂装修预算的公式计算，尤其一些项目采取的是非常用公式和单位名称的时候。尽管装修公司给出的单位价格并不高，但是由于公式推演并不明确，也存在误差，因此在计算总数的时候，业主会发现总价很高。

以上是装修公司给业主预算时经常使用的几个陷阱，希望每一位业主能够在预算和审阅装修合同时更谨慎，以免花了钱但是还上了当。

第二节　家装预算术语

大部分装修的业主都是行业小白，尤其在和装修公司打交道的过程中，会听闻许多专业术语，诸如“房屋建筑面积、使用面积”“三七开、四六开”“主材和辅材”“承重墙和配重墙”等。面对这些林林总总的专业术语，小白们不免感觉有些找不着北，随后可能落入商家的陷阱，最终预算超标，装修效果却跟自己想象的相差甚远。因此，装修之前有必要了解一些专业术语。

1.预算：从字面上就可以理解，预计装修时花费多少金钱，一般包含设计预算、施工预算、材料预算、家用电器以及软装预算。一般情况下，家装预算都会超支，主要原因就是人们生活水平提高之后，对家装产品和设计要求也在随之升高，再加上装修公司的不断引导和人工施工费用的增长所致。

2.违约责任：装修房屋业主和装修公司之间签订了相关装修合同，如果合约双方没有履行合同中规定的责任，就需要承担相关违约责任。比如，装修房屋业主没有及时支付装修的工程款，这是需要承担违约责任的；装修公司没有按照约定时间完成任务，装修公司偷工减料或者私自更换材料，也都属于违约。

3.标准：包含家庭装修工程质量验收标准和室内空气质量标准。

4.隐蔽工程：从字面上理解就是看不到的装修工程，比如水电改造、防水工程、木龙骨施工等。

5.验收：根据一定的标准对装修项目进行检验，各阶段的验收都是严格按照双方签署的合同进行的，一般包含隐蔽工程验收、软装工程验收和安装工作验收以及工程完成验收。

6.房屋建筑面积：简而言之就是房屋使用面积和公摊面积之和。

2-2-1 实木地板铺装图片

7.房屋产权面积：与房产证登记的面积是一致的，是经过省市县级相关行政部门认证的最终实际建筑面积。如果公摊面积小的情况下，产权面积是小于建筑面积的，反之，产权面积大于建筑面积。

8.房屋使用面积：有专门的计算公式，一般用建筑面积除以1.33（板楼、12层以下楼房、花园洋房），如果是塔楼、12层以上高层楼房或者一梯四户或者12户的使用面积是用建筑面积除以1.44。使用面积一般包括日常生活居住使用的卧室、客厅、厨房、阳台、卫生间、地下室等面积，也包含内墙装修厚度的使用面积。

9.房屋公摊面积：楼道、电梯、外墙、变电室、地下室、值班警卫室等属于整个小区公共用户使用和管理的建筑面积。

10.开间：两个相邻横墙之间定位轴的距离，一般开间不超过3到3.9米，如果是砖混结构的住宅楼开间距离不应该超过3.3米

11.进深：在建筑学上，进深可以理解为独立房间内，两个墙壁之间的实际距离，进深越大的房屋设计，房屋自然采光和通风会越好，但是进深也不宜过大。

12.承重墙：从房屋结构上看，承重墙就是承受整个墙体压力的墙，从设计图纸

上看，承重墙则是标记为黑色。装修的时候不可以随意破坏承重墙，否则会破坏房屋的整个建筑结构，影响地基的稳固性。

13.剪力墙：也不能随意拆除，因为这个墙体的作用主要是水平抗震，随意拆除会降低房屋的稳定性。

14.配重墙：主要是在阳台，保证阳台压力平衡，确保阳台的安全，不会发生倾覆。

15.主材：即装修的主要材料，是能够在装修过程中决定装修整体风格和效果的材料。包含地板砖、墙砖、油漆、门窗、五金配件、洁具、橱柜、灯具等。

16.辅材：装修时用到的辅助材料，一般常见的包括水泥、沙子、石膏粉、腻子、螺丝钉、木制品、各种配电线、管道、暗盒等。

17.主材费：门窗、地板、灯具、油漆等成品或者半成品的材料费用。

18.管理费：由物业公司收取的，由于装修时物业公司会对其施工工人、材料、装修行为进行监督管理，相当于物业公司变相增加了工作量和支出，因此，业主需要支付相关管理费用。

19.设计费：给装修设计师的费用，包含房屋测量费、设计方案费，图纸绘制费用。

20.混油工艺：是一种油漆工艺，是在木材表层涂刷有颜色油漆的过程。

21.玻化砖：也叫全瓷砖，特点是表面光滑洁净，无须抛光，耐磨，多用于地砖铺设。

22.釉面砖：经过烧釉处理的砖。

23.通体砖：正反面材质、色泽无差别，表面不上釉，因此取名通体砖，大部分凹凸感的防滑地砖是通体砖。

24.真空玻璃：一般为双层玻璃，双层玻璃中间是真空的，有较强的实用性，耐高温耐高寒，隔音性能高。

25.钢化玻璃：一般安全系数较高，是通过物理或者化学的方法，在玻璃表面形成一个抗压力层。即使受到强力碰撞，也不易损坏和破裂。

26.夹层玻璃：住宅楼高层多使用此种玻璃材质，由于两层玻璃之间放入了以聚乙烯醇丁醛为主要成分的膜态保护层。当发生玻璃碎裂的情况时，碎片不会炸开，而是粘连在薄膜上，而且破碎的玻璃碴表面呈现光滑整洁切面，也不会割伤人体。家中有小孩的业主建议安装这种玻璃，因为可以有效防止玻璃扎伤孩子或者坠楼事件的发生。

27.石膏板：主要材质就是熟石膏，加入各种纤维和添加剂，特点是质地轻盈、隔音、吸热、不可燃，一般吊顶使用石膏板。

28.中密度板：也叫纤维板，材质以木质纤维或者植物纤维为主，夹杂着树脂或者各种人造板材，分为高密度板、中密度板、低密度板，国内企业多在装修时采用中密度板。高密度板由于费用相对较高，使用频率并不高。

29.装饰面板：也叫面板，是把实木刨成微薄木皮，使用黏胶与夹板粘贴在一起，厚度为3mm，有单面装饰的作用，是不同于混油工艺的一种较为上档次的装修材料。

30.刨花板：以木材碎料为主要材质，混合黏胶和添加剂，经过机器压制而成的板材。

31.三七开：这是定制橱柜时的专业术语，实际就是一种计价方式。橱柜一般是以延米为单位计算价格。1延米等于1米地柜加1米吊柜加1米台面。比如1延米橱柜价格2000元，那么定制4米橱柜地柜，不要吊柜的话，三七开计价，就是2000 × 3=6000元，6000 × 70%=4200元，定制三米橱柜地柜价格就是4200元。

第三节　装修预算中哪些可以省，哪些不能省

好钢用在刀刃上，装修也是同样的道理。装修房屋应该考虑哪些应该节约，哪些可以节省，绝对不能一时兴起就乱买乱装，结果预算超支，装修效果也不满意。

问题 1：装修房屋哪些地方可以省钱

1. 墙面砖：在“双十一”或者“六一八”的时候选择商家搞特价的墙面砖，保证墙面的平整度即可，应该可以省下不少钱。

2. 门：门一般无须买特别高档的，从耐用的角度考虑即可。质量再不好的门也不至于会破损，想使用的时间长一些，就多注意门的合页和轨道。室内门基本不用上锁，关的严丝合缝即可。也可以考虑智能锁，这种锁建议选择较大品牌的，售后服务有保障。

3. 灯具：不要选华而不实的水晶灯之类的灯具，容易坏还价格不菲，选择符合自己装修风格，简简单单造型的灯具就可以。

2－3－1　带着灯饰客厅的图片

4.水槽：水槽的话，进口的品牌价格比较贵，其实选择中档的国产品牌就足以满足需求，最重要的是符合业主日常生活习惯就好。水槽最好选择毛面的，不用考虑刮花后影响美观度，重新更换。

5.地板：除非您选择的是复古或者高档装修，预算有限的情况下没必要选择价格昂贵的实木地板，可以直接选择复合地板，价格经济实惠，又方便日常清洁打扫。

6.吊顶：对于居住在8层之内的高层住宅楼住户来说，其实吊顶完全可以省去，这样不仅敞亮，还更省钱。装修吊顶不在乎选择什么材质的主材，更主要的是看装修师傅的技艺和龙骨的质量。

7.浴缸：装个普通的浴缸就行，除非有特殊需求，可以购买价格高一点的按摩浴缸。当然直接选择不安装浴缸，安装淋浴喷头更方便更节省。

2-3-2 带浴缸卫生间的图片

问题2：装修房屋哪些地方绝对不能省钱

1.水电材料及安装不能省钱：水电事关人身安全问题，尤其电线、开关、插座、水管、阀门等必须使用正规厂家生产的合格产品，还必须找相关专业人士负责安装。只有保证家人安全用水用电，才能避免生命财产受到威胁。否则，因为改水电来回进行返工，不仅费时费力，更容易引发火灾、水患，损失的就不仅仅是钱财了。

2.环保材料不能省钱：有数据显示，我国每年有200多万人因甲醛污染致病，超50%为儿童，更有11.2万人死于室内甲醛污染。劣质的板材、胶水、乳胶漆中含有大量甲醛等有害物质。因此，新房的装修，尤其有老人和小孩居住的家庭装修时一定要考虑板材、油漆等的环保情况，选用高质量的、大品牌的板材和乳胶漆。

3.马桶、花洒不能省钱：马桶使用频率高，一定要选择冲力大不易堵塞、噪音小，坐着舒适，不易产生臭味的马桶，毕竟更换马桶也十分麻烦，还不如买个好的马桶省时省力。而且卫浴间比较潮湿，尽量选择不易于生锈的大品牌产品。

花洒及热水器要选择大品牌的，使用频率高又事关安全，绝对要选择有质量保障的产品。

4.油烟机不能省：中国人喜欢煎炒烹炸等高温高油的烹调方式，难免会产生大量油烟，因此为了家人健康，选择大吸力的抽油烟机，不仅对家人呼吸道是一种保护，也可以减少油渍污渍对装个房屋的污染。

5.防水防滑不能省：浴室防水防滑很有必要，不仅要选质量有保障的材料，还要反复刷两遍，并进行24小时闭水测试。墙面防水也起码做到1米80厘米的高度，墙角防水防漏更重要，都需要装修时格外关注。卫生间本身就潮湿多水渍，家人又会经常性出入，因此卫生间防滑一定要做好，尤其是地砖的选择，要兼顾价格和材料的防滑性。

6.床垫：人每天有三分之一的时间是在床上度过的，因此投资舒适的床垫十分必要。客户选购床垫尽量到正规厂家直销或者大商场购买正规厂家产品，尤其需要查看床垫的回弹性、卫生安全和甲醛释放量是否合格。

7.常用的地漏、水龙头、卫生间浴霸不能省：冬天也需要沐浴，温差大容易着凉生病，地暖、浴霸这种取暖设备必不可少。地漏虽然不起眼，但是它的质量好坏也会影响家庭生活，选不好容易返味和排水不畅。

问题3：哪些硬装可以做也可以不做

1.电视墙可以做也可以不做，大白墙上直接挂电视也不影响整体装修效果。

2.定制柜可以少做。

第四节 哪些材料适合团购、网购，哪些材料必须自己采买

新房装修，想省钱又想追求品质，有些物品是可以通过团购、网购的方式节省的，有些材料则是必须自己亲自采买，才能放心。

1.适合团购的

所谓“团购”，就是组团购物。从厂家的角度，团购可以清理库存，压缩成本和提高生产效率；从客户的角度，团购可以让自己成为大客户之一，能够用最实惠的价格买到质量更好的产品，从而获得高性价比的物品。

（1）瓷砖和地砖类。装修时，无论是墙砖还是地砖使用量都很大，而且品种比较单一，因此很适合团购。用接近批发价的价格，获得更高质量的产品和服务，也能够通过参加团购，最直接地了解到各个产品的性能、规格、价格及其他客户评价，从而掌握购物的主动地位，真正达到称心如意又省时省力省钱的目的。

（2）家用电器。一般大型商场或者家电企业会定期组织团购活动，价格会比平时便宜很多。一些旗舰机为了减少库存，会在团购的时候大幅度降价，此时购买性价比最高最合适。而且大品牌团购送货快、也有专业的师傅上门安装，售后有保障。

（3）厨卫设施。厨房和卫生间可能是装修中花销最大的地方，比如按摩浴缸、智能马桶、高档橱柜、净水器等都价格不菲，采取团购的方式则可以避免出现过度超出预算的现象。

2.适合网购的

网购就是通过互联网进行购物，适合网购的是那些不需要安装、测量、设计、外形不大，退换比较简单方便的产品。可以选择那些一线品牌，当地有相关售后或者不需要售后，能自行解决的产品。

（1）开关插座，可以直接在大型网络购物平台选择搜索知名老品牌，比如西门子、松下、ABB等，同时记得索要电子发票。网上选购开关插座也需要看开关的面板材质、面板最好不易变色、插孔二二孔最好用、书房或者厨房最好买带开关的插座等。

（2）软装产品。装饰画、摆件、绿植、灯具（射灯、筒灯、台灯、落地灯）等，这些给整个房屋锦上添花的物品可以在网上购买。现在的物流比较快也比较专业，一般不容易出现破损、毁坏的情况。

（3）五金产品，诸如毛巾杆、鞋柜、地漏、角阀、牙杯置物架等可以网购。

3.必须自己采买的

（1）乳胶漆：各种乳胶漆价格和质量差异很大，尤其是甲醛致癌，如果全部让装修公司代为选择和购买，难免会以次充好，损害家人的健康。客户可以货比三家后，选择知名品牌诸如三棵树、立邦、多乐士等，同时还需要关注是否百分百丙烯酸，是否具备Iac、gold或者a+认证等硬性条件。

（2）各种胶水：作为装修中必备的辅料，会有很多地方用到胶水，比如玻璃胶、美缝剂等，看似不起眼，可是如果选择了不合适的胶水，不仅容易发霉发黑影响房屋美观度，还容易富含甲醛，影响家人健康安全。

（3）水电线：看似隐蔽工程，可是如果入住后再去维修或者更换，会相当费时费力，因此购买时要买质量有保障的材料，保证使用时间长一些和安全系数高一些。

第三章

选对装修公司，省心又少花冤枉钱

第一节　不同装修资质公司差别有多大

装修公司可以说多如牛毛，业主想要省心省钱，恐怕还得下点心思了解清楚各种类型装修公司的差别，这样才能让自己的花销与回报成正比。否则，选错了装修公司，花了钱还吃哑巴亏。

1.不同类型装修公司差别

（1）独立装修队。价位一般比较低，施工的安全性、售后服务保障有时候不太容易保证，运气好的话，业主花费金钱不多，但是装修效果和质量不错；运气不好的话，装修还没完成，可能包工头就卷款潜逃。由于独立装修队一般会挂靠到相关装修公司名下，因此从这个角度来说，独立装修队也算是一种类型的装修公司。

（2）一线知名品牌连锁装修公司。从专业性和资质上来说，一线知名品牌连锁装修公司各种部门齐全，职能划分分工明晰，售后有保障，尤其是总部的施工的专业性和安全性也无须担心。但是，这类连锁装修公司往往是加盟性质而非直营，因此，业主也需要着重关注设计师个人素质和装修施工队的综合素质。尤其是新成立的大品牌连锁公司，尽管宣传很到位，但是实际施工和设计水平，以及管理水平都需要时间和消费者的体验来进行检验。

（3）当地的普通中小型装修公司。这类装修公司规模不大，报价也相对不高，但是“水”也比较深。具体设计、施工质量和售后服务都不清楚，因此，综合实力一般，具备一定装修知识的业主可以选择这种公司，否则很容易“入坑”。

（4）互联网装修公司。近几年才兴起的一种装修公司，它们喜欢把施工和主材采买捆绑报价，施工进度比较快。这类装修公司可以选择的主材材料不多，收费也比市场价贵很多，容易出现卷款跑路的现象。

（5）高端独立的设计工作室。由建筑界声誉高，认知度高的一些设计师独立开设的工作室，有丰富的设计经验，专业素质比较强。追求个性化设计的业主，预算比较宽裕的业主可以考虑，因为设计费用比较昂贵，所以设计感和实际装修体验效果比较好。

2.家装时如何选对装修公司

（1）看公司实力，主要是看公司的品牌是否是一线或者当地知名品牌，再看公司的资质和相关执照是否齐全。直营知名品牌加盟店，是独立进行管理的，相关执照和资质证书也都是独立的，综合实力比较强悍，可信度比较高，花费也比较贵。而知名品牌的加盟店，则属于沿用总店的资质和营业执照，价格比直营店便宜。

（2）看设计实力，设计师实际上是装修公司的核心，不仅需要懂得绘制设计图纸，也需要懂具体的施工，并帮助业主解决装修中遇到的各种问题。知名装修公司的设计师往往经验丰富，而中小装修公司设计师往往是绘制图纸的工作人员充当，他们很可能没有能力解决业主的实际问题。因此，业主最好带设计师到自己未装修的房屋或者正在施工的房子经常性地四处转转。

（3）看装修案例，业主选择装修公司时，一般都会进行对比。其实，业主到装修公司进行实地考察的时候，最需要查看的就是装修公司已经做完的装修住宅案例，目的是了解其设计和施工水准。建议业主不要只听信业务员单方面介绍，可以多看几个装修公司的样板房之后再做决定。

3－1－1 样板间装修图片

（4）看材料质量、档次，装修材料价格相差很大，了解装修公司需要看清楚其所用材料的品牌及型号，大概可以判断其报价的水分和装修的档次。由于装修最终目的是长期居住，因此材料的环保性是业主最需要注意的问题。

（5）看施工队管理情况，业主除了要看装修公司展示的相关施工队介绍及工艺说明外，最好还是要到装修施工场地实地考察一下。比如，看看他们施工队工人的施工水平、看看装修现场是否杂乱无章、看看工地工人是否在按照施工图纸施工、看看其线槽是否美观，现场保护做得是否到位等。

（6）看报价体系，业主可以自己先对装修材料和人工价格进行市场调查，把相关价格详细记录下来，然后对比不同装修公司，看其价格与施工工艺是否匹配。

第二节 主动出击不入坑

装修对每位业主来说，都是一件人生大事，因此选择合适的装修公司帮业主实现生活梦想十分重要。而不同的装修公司，实力参差不齐，业主必须知己知彼，主动出击，才能避免入坑。

1.选择装修公司，还是自己采购请施工队施工

这个主要是根据业主自身情况来进行选择。比如，业主工作时间弹性比较大，有比较多的精力和时间来进行监督采购材料，也有一定的装修经验和基本知识储备，还有自己的装修理念和想法，而且个性决绝，那便可以选择独立的施工队进行施工。

如果业主平时工作比较忙，有固定的工作时间，对设计和施工一知半解，没有装修经验，性格又有点犹豫的话，建议选择专业的装修公司进行施工。

2.如何合理预算的同时掌握装修主动权

（1）不主动入坑，避免盲点。很多装修公司都存在一些“噱头”宣传，比如免费设计，很多第一次接触装修的业主会被吸引，觉得这样算下来节省了设计费用。实际上设计师是靠整个签单的总费用来拿提成的，因此装修公司所谓的免费设计，一定是采取贵又不实用的材料提高整个工程的总报价，然后再用设计师图库里的套图出效果图。这样，业主便被效果图吸引，落入装修公司事先布置的陷阱中。

还有很多装修设计公司会把手头的装修工程包给施工队，然后自己抽取三分之一的利润，再安排一个监理进行监督。因此，外包的包工头手下工人的素质和技艺直接决定了房屋装修质量的好坏。业主没有时间和精力亲自监督的时候，包工头就可能偷工减料，而一旦发现该情况，又要等待监理逐级上报，质量不行的同时还耽误了工期。

（2）签订合同，装修完一项付一项的钱，干不好，不给钱，把主动权牢牢地把握在自己手里。业主可以让装修公司按照施工工序进行装修，每项装修完成后业主亲自按照合同所订立的标准进行验收，合格的话就支付费用，再进行下一个工序的装修。比如刮大白，业主检查刮大白的时候，看其用料是否有产品合格证，是否有检测报告，还要看其施工的洁净程度和墙面的平整度。业主可以对任何不满意的项目提出异议，直到满意后再支付费用。

（3）预估总费用，业主可以根据自己的装修风格和材料档次，合理进行资金分配，并计算出大概的总额。比如一套百平方米的三室两厅，包含家电、家具、软包装饰的话，中档装修费用大概在10万元以上，要是精简一些项目的话，最低也需要5万元。家装硬装基本是一次性的项目，而软装则可以进行多次更换。

（4）考虑家人需求，坚持“求同存异”的原则，保留家人大部分相同的需求，这样的话可以节省装修费用。可以把硬装和软装分开登记，再根据不同房间的用途，选择相应档次的装修材料和家电、家具，才能在有限的资金情况下让大家都满意。

（5）考虑清楚细节，业主需要在装修前对每个空间有自己的全面考虑，比如电视放在哪里，衣柜放在什么位置等，需要有详尽的计划，最好可以标注在平面设计图中。这样能够对空间进行合理规划，防止日后出现返工或者较大改动。尤其是空调、热水器、插座等位置的安排需要提前做好规划。

第三节　付款的注意事项

1.付款的四个阶段

款项名称	支付时间	用途和作用	所占比例
首付款	签订装修合同时，开始施工之前	保证装修公司能够及时启动，用于购买基本的砂石、水泥、水管、电线等费用，目的是不耽误工期。	30%
进度款	装修到一半的时候支付	水电改造等基础装修完成后，这时需要继续购置木工及人工费用。及时支付这部分费用，可以避免工期的贻误。如果数额过大，可以跟装修公司商量分批次进行支付。	30%~50%
尾款	木工完成后验收合格，油漆工程开始前	用于购买油漆和支付施工人员费用。	10%~30%
维修保证金	全部竣工完成，验收后没有质量问题后支付的费用	如存在质量问题，则可依照订立的合同相关条款进行扣除，剩余费用另行支付。	10%

2.装修付款的注意事项

（1）每次付款前注意严格按照施工标准进行验收。

（2）不要偏信分期付款的优点，装修公司这样宣传只是为了吸引更多的顾客，实际上所谓“分期付款”“先装修、后付款”都是有猫腻的。消费者需要问清楚什么时候付款，是否会有后期重新签订合同的增加项或者增收款项等。

第四节　预算报价单怎么看

装修报价表密密麻麻的好几页，项目名称、工艺、主材、辅材等相关专业名词多如牛毛，再加上各种数字和单位变换及公式计算，导致普通装修业主看报价单简直就如看天书一般。那么，如何轻松看懂报价单，主动出击化繁为简，为自己的房子装修做一个合理的预算呢？

1.装修预算报价表的组成

（1）抬头　抬头一般包含装修公司名称、联系电话、具体地址、业主名称、联系电话、房屋所在具体位置、设计师、房屋结构、预算日期和版本。从预算的抬头是否详尽，可以看出装修公司管理是否正规、专业，是否重视每一位业主的预算和装修。

（2）预算书各种项目分类　一般包含序号、项目名称、单位、具体数量、主要材料单价、辅助材料单价、施工人员单价、合计总价、品牌、规格、工艺、备注。

（3）看清楚序号和项目名称　主要是看房屋装修具体会涉及多少项目，再根据设计图纸查看是否有所缺漏。比如少填报了一扇门或者少算了卧室的踢脚线等，等到现场施工的时候这些项目肯定还是要做，这时肯定需要增加项目及相关费用开支。

（4）单位　主要看的是计价单位，也是为了防止装修公司在计算时有猫腻。很多装修公司喜欢用笼统的计价单位蒙混过关，看似价格不贵，实则最终报价很高。比如，有的定制衣柜或者橱柜是用平方米作单位，有的是用延米作单位；平方米乘以单价，就是此定制家具的价格，而用延米作单位则说明家具、橱柜是受到高度限制的。

（5）数量　这也是装修常用的预算陷阱，因为业主可以根据数量计算出大概工程总量和总价。

（6）主材单价　主材单价是整个装修过程中耗费金额最大的项目之一，可以说一定程度上决定了装修总价，因此业主一定要看清楚。建议业主可以先调研本地建材市场，对主要材料的价格、型号、使用数量有简单的了解。

（7）辅材单价　半包的装修公司一般会主要在辅材报价上盈利，因此业主也需要格外注意跟装修公司谈好辅材单价。

（8）施工人员单价　对于全包的业主来说，人工单价和施工数量是密切相关的，同时也能看出工程的施工质量好坏。

（9）品牌、型号、规格及工艺　不同品牌、规格、型号的价格相差很大，因此装修所用主材、辅材品牌、规格、型号、工艺需要标注清楚，以免后续扯皮。比如，乳胶漆工艺如果没有备注清楚，那么装修效果到底是需要粉刷两遍还是三遍就会引起分歧。

（10）备注　尤其在半包的情况下，需要标注清楚哪些是需要业主自行购买的，哪些需要装修公司购买。

2.如何看装修报价表是否合理

（1）看图纸是否精确　业主在看预算报价单时需要先弄清楚自己的设计装修图纸，尤其是图纸上标注的材料、尺寸等重要信息要弄清楚，再进行计算。切记，不基于图纸的装修预算，是肯定不会准确的。

（2）看好施工工艺　施工工艺一定程度上决定了房屋装修效果和使用寿命。业主可以了解清楚瓷砖怎么贴、防水怎么做、水电具体如何改路、墙面粉刷几遍等，做到心中有数才能不被装修公司牵着鼻子走。

（3）看好备注　一些细节问题要约定好。比如主材如何安装、拆除费用及责任，水电改造的责任等。

第五节　签合同的注意事项

签合同是件很麻烦的事情，因为稍微不注意就会入坑，浪费金钱的同时还会产生纠纷。接下来，我为大家总结一下装修签订合同之前有哪些注意事项。

1.看清楚公司资质，尤其是需要看清楚公司的执照、设计、施工资质证书等有效证件，选择正规的装修公司才能保证业主的权益得到最大程度的保护。

2.看清楚装修公司的实际施工能力，业主可以先到装修公司的施工现场进行勘察，以此判断其施工人员素质，以及管理是否规范。

3.看清楚设计方案和预算报价是否专业、合理。业主尤其需要看清楚那些没有标记清楚的、自己看不明白的一些收费项目，然后仔细询问并写清楚收费缘由，千万不可稀里糊涂。

4.看清楚合同备注，尤其是关于工期、施工工艺、流程及主材、辅材的规格、型号、品牌等详细信息，具体什么房间用到什么材料，材料的具体信息需要一一标注清楚。

5.看清楚验收方式、合格标准。具体验收几次，验收标准是什么，不合格的话如何返工，都需要详细写进合同里。

6.注明工程保修期，尤其写清楚水电等隐蔽性工程保修期是几年，其余一般性项目保修期是多久，过了保修期如遇到维修如何收费等问题。

7.合同一般由业主本人或者法定代表人签署，如遇到业主本人需要委托人代理签订的情况，需要额外保留一份委托书复印件。而且为了保证自己的权益，业主还需要保留装修公司加盖公司公章的工商执照复印件和资质证明复印件，还要保留好项目负责人、监理人的联系电话和身份证复印件。

8.缴纳工程款时，业主要尽量亲自前往。

9.装修过程中出现需要修改方案或者增加费用的情况，业主一定要注意重新与装修公司签订合同。

第六节　拒绝增费项目

装修过程中会产生一些增加的项目，是否需要额外收费是业主需要了解和核对清楚的，这样才能避免产生不必要的花销。

1.乳胶漆调色费　这项费用装修公司一般会直接写在报价表或者合同中，但是往往写在它们的备注栏中，而且会采用小字或者专业术语，没经历过装修的业主一般很难注意到或者理解清楚。于是，总支出无故多了一笔调色费，少则几百元，多则几千元。业主一定要提前跟装修公司沟通好乳胶漆调色的收费，再签订合同。

3-6-1　乳胶漆墙面图片

2.水电改造项目收费　水电项目一般都采取预收的方式支付，后续工程完结还需要根据实际工程量来补收相关费用。因此，业主不要只看预收费用不高就不在意，应该跟装修公司了解一下自己家水电工程大致情况，以及需要支付的大概费用。如果费用超出预算过多是可以拒绝支付的，这样也可以有效控制自己的预算。

3.拼接瓷砖铺设费用　很多年轻的业主喜欢DIY设计，尤其喜欢在墙面用瓷砖拼

接而成的图案造型。业主看来这只需要后续补一些人工费用即可，可直到支付时才发现会多出很多材料费和人工费用。因此，建议业主有任何想法时，都需要跟设计师提前交代清楚，并在签订合同之前提出来，这样才能知道自己的这些想法要花费多少费用，从而避免最后花销超出预算。

3-6-2　拼接图案墙砖图片

4.其他费用　装修公司一般还有垃圾清理费、管理费、材料上楼费等，都会按照总预算比例进行收费，也就是增收总费用20%。这算下来也不是个小数目，因此业主需要提前对总费用有所控制，对这些增费项目实际收费了解清楚，才不会吃哑巴亏。

第四章

找好设计师，减免不必要开支

第一节 选对设计师更省钱

对于装修小白来说，自己装修设计的话，难度有点太大了，更没有那么多精力和时间。于是，找一个专业的设计师，将自己的想法告诉他，让他为自己打造理想家装是一件省事省钱又省力的事情。

1.不同设计师有区别吗？

（1）公司设计师，这类设计师一般就职于中小型公司，其设计费用的标准也根据公司固定的标准制定。不过，这类设计师由于受到薪酬的影响，流动性比较大。如果大户型的高档装修，需要时间跨度比较大的话，建议指定设计师全程跟踪设计和指导。

（2）自由设计师，这类设计师一般自己经营工作室，或者在一些大型连锁装修公司任职。他们设计经验丰富，有独特的设计理念，综合实力较强，同时设计费用也比较高昂，一般都是业内熟人推荐，尤其适合装修投资花销较大，追求个性装修和品质生活的业主。

2.为什么选对设计师超级省钱

（1）个性化设计，节省时间就是省钱。专业的设计师能够根据业主的需求有针对性地满足业主的喜好，同时将材料选择的型号、规格、价格等信息给予业主，再根据业主的预算和意见进行取舍，定制最佳方案。节省时间和精力，就是省钱！业主和设计师需要在施工开始前，将设计方案调整到最佳，避免来回改动返工，从而减少没必要的金钱花销。

（2）客观预算，按业主预算设计花费。好的设计师可以把钱花在“刀刃上”，毕竟业主的预算是有限的。比如业主装修预算只有10万元，结果定制衣柜和买个床垫就花去3万，显然有些不合适。专业的设计师会站在客观的角度，告知客户哪些装修的钱必须花，哪些地方的钱可以节省。

4-1-1　装修房间图片

（3）以实用为根本目的，颜值属于锦上添花的选项。一般设计师会建议厨卫为保持装修风格、色调的一致性，铺设同款的瓷砖。然而，实际上卫浴间使用频率很高，水渍和潮气更密集，因此负责的设计师会建议业主在卫浴间使用价格略贵、质量和防滑性更好的瓷砖。

4-1-2　卫浴间装修图片

（4）充分利用每一寸空间，打造超高空间利用率。比如，业主房子使用面积只有50平方米，怎么装修才能兼顾实用性与美观大方呢？好的设计师能够充分利用自己的装修专业知识和设计经验，给业主提供更多合理选择和个性化方案，帮助业主去粗取精、化繁为简，用设计弥补空间不大的缺陷，放大有限空间，使整个家装实用、美观又不失格调。

4－1－3　小房间充分利用空间的图片

（5）好的设计师，会反复确认无遗漏。不太专业的设计师往往会给业主看一些自己数据库中的设计，业主很容易就找到自己心仪的效果图。然而，选购同样的一幅挂画可能并不容易，选购其他同样的物品也并不容易，这就极有可能导致效果图和实际装修存在很大距离。

（6）好的设计师能够遇到问题及时调整。装修过程时间跨度长，环节更是涉及36个之多，主材和辅材加起来起码有5吨左右，因此，装修不是个轻松的事情，其间难免出现各种各样的问题。好的设计师除了会在施工前尽可能排除不确定因素，还会在装修过程中给予增项调整方案，为业主避免过多金钱浪费。

3.如何选择设计师

（1）专业学历证书。设计师需要经过专业的大学室内设计、环境设计、建筑学等相关课程的学习，也应该具有一定的施工技艺或者审美艺术能力。

（2）丰富设计经验，从言谈举止和设计作品，可以看出设计师是否具有专业设计能力和素养，也可以看其工作年限。

（3）个性化设计作品，很多地方都会举办房屋设计大赛，尤其是那种权威的装饰设计大赛，可信度较高。

（4）善于沟通和交流，设计之前，设计师都会跟业主进行沟通，问一下家庭情况、喜欢什么风格、预算标准等。优秀的设计师会从细节处关注业主的需求和习惯，兼顾预算和实用性的同时提出自己的方案。

第二节　装修队把好质量关

装修队施工可以说在整个装修工程中占了很重要的位置，不仅决定了房屋装修进度和效果，更决定了房间装饰的质量和安全。但是，初次装修的业主并不知道装修队也有好坏之分，也不知道如何选择装修队。

1.不同装修队的区别

（1）正规的装修队，一般隶属于某家装修公司，无论是施工工艺还是工人施工都有自己的标准和监督管理办法，他们不会随意改动设计方案，也不会偷工减料或者偷梁换柱。遇到需要增加项目施工量的时候，会逐级上报业主，手续比较正规和复杂，价格也相对贵一些。

（2）临时组成的施工队，很多中小型装修公司会雇佣这类施工队，他们价格一般比较经济实惠，但是施工水平和技艺参差不齐。业主有较多时间参与监督或者预算比较有限的时候，可以选择这样的施工队。

2.选对装修队

（1）调查其口碑，业主可以通过自己强大的社交网络打听有什么好的装修队。

（2）亲自查看施工现场，业主可以到施工现场看看工人们工作态度，看看施工现场是否杂乱无章，卫生管理是否到位，看看抹的腻子是否光滑细腻，进而对施工队的整体水平有个清晰的认知。

（3）观察其施工队长的指挥、沟通、管理能力。施工队长既要对业主负责，也要负责管理施工工人，因此具备良好的沟通能力和管理能力是非常必要的。

（4）看材料，主要查看装修队是否会使用合格的环保材料或者是否按照施工要求使用材料。比如乳胶漆使用什么品牌，板材使用是否不含甲醛，沙子是否是中砂，电线的使用是否合乎国际安全标准等。

（5）看工人技术，技术决定装修质量。

3.注意事项

（1）先确定好设计方案再施工。

（2）尽量不要中途更换装修队。

（3）及时验收，业主可以定期到施工现场进行监督，及时提出异议并解决，才能避免后期产生过大改动或者纠纷。

第三节 找专业家装监理还是亲自督查？

初次装修的业主建议还是把专业的事情交给专业的人去做，但是也需要不定期对工程进度、材料、工艺进行检查监督和验收。有一定装修经验或者经历过装修的业主，又有时间和精力，可以选择半包的装修方式并自行全程进行监督。

1.什么是家装监理

从字面上就可以理解，就是对家庭装修根据合同、相关法律法规进行的专业监督管理。一般主要对进度、预算、施工质量进行控制管理，同时需要协调好业主和施工方的关系，并对合同内容和施工现场信息进行及时核对和汇报。

2.为什么要找专业家装监理

（1）省钱，专业的家装监理能够从专业的角度出发，考虑到业主的合法权益，帮助业主签订正规的合同，避免业主入坑又费钱；还可以避免施工队以次充好或者偷工减料，保证业主的实际利益。

（2）省时，大部分业主都有自己的工作，没有太多时间参与装修和监督，这样容易导致纠纷和质量问题。如果业主及其家人没有多余的时间和精力，那么请专业的监理管理和监督无疑是最节省业主时间的方式。

（3）省心，初次涉足装修，业主难免遇到很多专业的装修术语和问题，甚至看合同也不知道是否有所遗漏，看设计方案也不知道是否合理。但是，如果有了专业监理的加持，那就意味着有了专业的辅助帮助审核。除此之外，专业监理还可以帮助业主验收施工中是否用到了指定材料的品牌、规格和型号，这无疑会让业主省心。

3.如何选择专业家装监理

（1）必须查看其营业执照和相关资质证明，必须有建设委员会颁发的资格证书才可以。

（2）看其工作人员是否具备专业资格。

（3）看数据，比如公司成功案例、公司信誉、口碑、公司工作人员构成及结构。

4.业主如何监督管理

（1）知己知彼百战不殆，业主需要先大概了解一下施工材料、施工工艺和进度安排，然后发现问题及时提出并及时解决。

（2）到工地监督，不是在工地傻站着，而是需要多问问、多看看、多沟通。

（3）沟通好施工进度和装修事项，这一点在半包的装修方式中尤其重要，因为沟通到位才能避免施工方因为材料断货，延误进度。

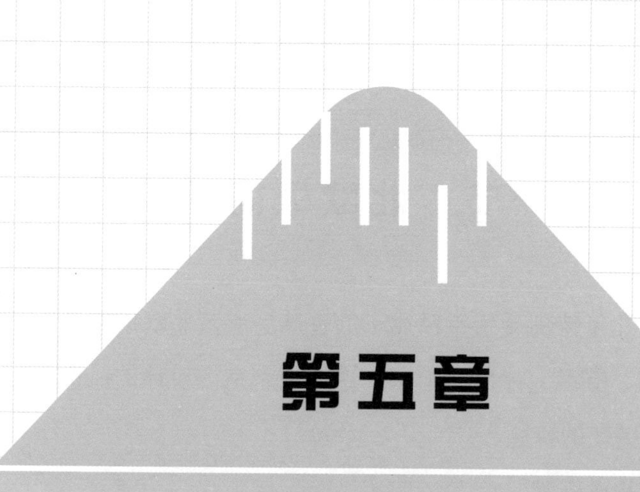

第五章

找到适合风格，不乱花一分钱

第一节 北欧极简风

北欧极简风，近几年特别受到年轻业主的青睐。所谓北欧指的是欧洲北部的国家，比如挪威、瑞典、芬兰、冰岛等国家。这些国家室内设计的风格，一般具有自然、简单，强调人文关怀的特征。

1.北欧极简风的构成要素

（1）色彩以黑白灰为主色调，凸显自然与蓬勃生命力，营造洁净透亮之感，可以在装修中大面积使用灰色、白色、原木色等浅色系。

5-1-1 灰白色系北欧极简风设计图片

（2）造型简单，一般北欧风格不会出现雕刻等华丽、烦琐的图案和造型，而追求单一的线条或者简单的造型、清晰的纹理，精益求精的工艺。

5-1-2　简单装饰北欧装修设计图片

（3）多使用原木材质装饰品，原木天然的颜色、纹理和线条能够自带温暖属性，未经雕琢和装饰的纹理也能更好地传达北欧风所表达的那种原始之美。

5-1-3　原木材质装饰品北欧装修图片

（4）天然材质的装饰品随处可见，比如棉麻布艺、绿植盆栽、羊毛地毯等，不仅让房间多了几分宁静致远的意味，也更好地营造出自然纯洁之感。

（5）尖顶的北欧风常见于国外装修设计中，国内一般通过做装饰梁来达到这样的效果。

5-1-4　带绿植的北欧装修图片

2.北欧极简风硬装预算

(1)乳胶漆，北欧风十分强调视觉上的干净，尤其是墙面作为整个视觉的中心地带，一般不过多采用图案或者纹理装饰，而是直接用乳胶漆打造纯色系的风格意境。市场价大概在30~60元/㎡。

(2)白色瓷砖墙，一般是使用颗粒感的漆面瓷砖或者清水砖，打造沙发墙或者电视墙，展现自然、空灵、纯洁之感，搭配亮色软装，使得装修视觉上更富于层次感和冲击力。价格大概在120~200元/㎡。

(3)浅色原木地板，原木可以说是北欧极简风的核心要素，面积比较大的地面中经常使用各种原木地板，尤其偏爱浅色系原木颜色，比如白灰色、浅灰色、浅棕色、白色等。浅色原木地板搭配极简装饰和原木家具，视觉上更显清新、干净。市场价在150~350元/㎡。

5-1-5　浅色原木地砖北欧风装修图片

（4）3D立体砖纹壁纸，质感和立体感比大白墙更佳。这种壁纸自带背胶，方便直接粘贴安装在水泥墙壁或者乳胶漆基层上，也可以用水擦洗，易于打理。价格在15~60元/㎡。

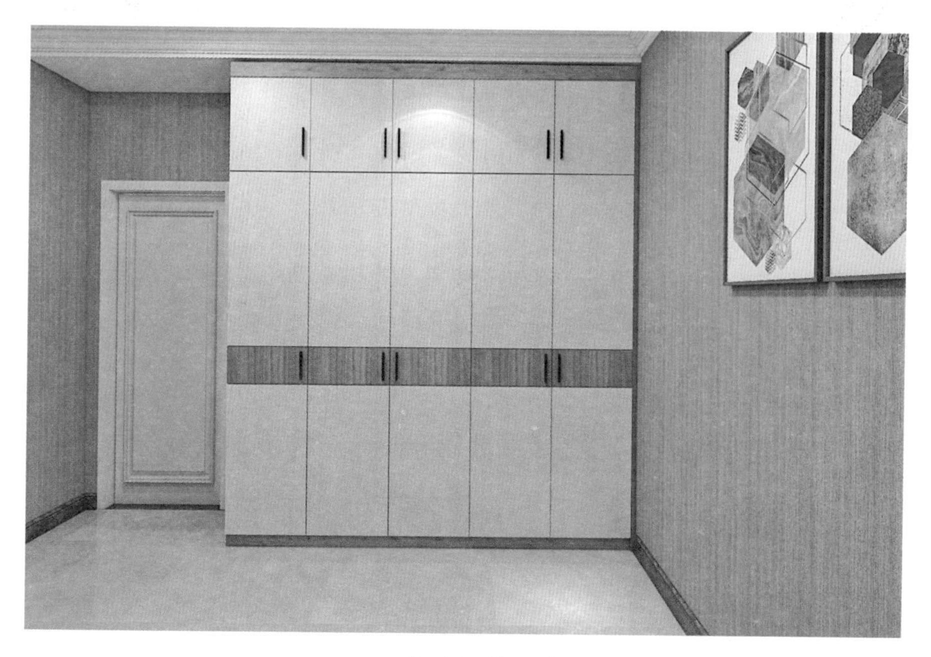

5-1-6　北欧极简风壁纸图片

3.北欧极简风软装预算

（1）灯具，北欧风的台灯，往往就是最简单的灯罩、灯柱和底座，适合卧室、书房。北欧风格吊灯，一般造型简单，用线条衬托设计感，适合餐厅照明。北欧风的地灯往往用作辅助光源，不刺眼。北欧风的壁灯，一般常用于装饰，适合阳台、过道。总之，北欧风的灯具多采用实木和金属结合，不会掺杂很多图案，以色调和柔和灯光取胜。价格在150~1800元/盏。

5-1-7　北欧风灯具图片

（2）花瓶等小摆件，晶莹剔透透明玻璃花瓶、几何造型陶瓷摆件、实木笔筒等，调节空间层次感，数量不需要太多，色彩尽量黑白灰或者原木色。价格在50~300元/组。

（3）绿植，北欧简约风装饰中绿植多为大叶片的绿植，比如龟背竹、琴叶榕、量天尺、虎皮兰等，配以大陶瓷花盆或者原木色编织筐。绿植与大白墙形成强烈的色彩对比，给整洁的空间又增添了几分生机盎然的感觉，更显自然与活力。价格在100~300元/盆。

（4）织物，比如棉麻窗帘、桌布、靠枕、地毯等，最好是几何图案、纯色图案、拼色三角或者火烈鸟图案为主，色调尽量选择白灰色、灰蓝、茱萸粉等浅色系。价格在100~300元/组。

5-1-8　北欧风装修窗帘图片

4.北欧极简风家具预算

（1）布艺沙发，北欧简约风主张清新、有格调，纯色布艺矮脚沙发应该是首选。棉麻的布料，柔软的座包，清新的色调，实木的基材，传达着一种惬意、自然，不加修饰的原始美感，价格在800~4000元/套。

5-1-9　布艺沙发图片

（2）实木床，毫无装饰的床头，全实木打造的排骨架，清晰的纹理和简单的线条，历经打磨的木材，自然呈现出立体的线条感，没有复杂的设计，只强调舒适与实用，简约而又不简单，价格在1500~3500元/张。

5-1-10　实木床图片

（3）茶几，采用几何线条，以金属和实木为材质，圆弧、圆形茶几为多，色系尽量与沙发和墙面有所对比和差别，让人能够有眼前一亮的感觉。价格在200~700元/张。

（4）北欧风座椅，讲究材质、工艺与自然完美契合，尤其强调坐感舒适，符合人体工学原理，材质多为木质和布艺，有的也会加入玻璃纤维等。蛋椅、贝壳椅、伊姆斯椅是北欧风常见座椅造型。价格在200~2500元/把。

5-1-11　蛋椅图片

第二节　现代时尚风

现代时尚风，强调实用主义，注重简约，不需要过多装饰，讲究不对称构图。

1.现代时尚风构成要素

现代时尚风主要包含要素有：墙面一般不额外装饰，但是对色彩和材料要求度比较高，强调实用性，能少则少，传达大繁至简的装修理念。造型一般比较个性化，装修重点侧重于软装。

5-2-1　现代时尚风图片

2.现代时尚风硬装材料装修预算

（1）纯色光滑乳胶漆，这种风格顶面和墙面的装修一般采用无颗粒感、无纹理质感的纯色乳胶漆，具体可以根据居室性质来选择颜色，比如卧室建议蓝色、灰白、粉色，书房建议白色，价格在30~70元/㎡。

（2）黑白灰大理石，属于无色系，自带简约和时尚感，可以搭配金属包边或者黑镜面，市场价在120~280元/㎡。

5-2-2　灰色大理石设计图片

(3)玻化砖，容易清洁打理，表面光洁明亮，方便切割装饰，自带简约感和明亮感，可以在客厅使用，价格在100~200元/㎡。

(4)纯色镜面，无花纹的纯色镜面，自带时尚感，还能起到放大空间的作用，可以单独搭配木纹面板作为主题背景墙，价格在100~200元/㎡。

5-2-3　纯色镜面墙面图片

3.现代时尚风软装材料装修预算

（1）棱角分明的灯饰，现代装修风格的软装特别讲究灯具的选择。可以选择花式吊灯，或者造型简约的壁灯、地灯，也可以选择充满设计感的不规则吸顶灯，目的就是打造一种时尚感，营造光亮的氛围，价格600~1200元/盏。

5-2-4 现代风灯饰图片

（2）简单线条装饰画，尽量采用无画框装饰画，装饰越少越好，一个房间不宜超过三幅装饰画，色彩最好是纯色系。价格在200~400元/张。

5-2-5 简单线条装饰画图片

（3）不规则形制小摆件，比如不规则玻璃形制花瓶、鸟笼形制花架、编织的纸抽盒等，这类小装饰品一个房间摆上一两个，色彩以黑白灰纯色系为主，材质多为金属、玻璃等材质。价格在50~150元/件。

5-2-6 不规则形制小摆件图片

（4）几何图案的布艺，可以尽量大面积采用棉麻布艺，类似坐垫、地毯、靠枕，可以选择带有几何图案的素色布料，打造简单素净的现代感，价格在100~400元/组。

5－2－7　几何图案靠枕图片

4.现代时尚风家具预算

（1）干脆利落的座椅，可以是直线条的座椅，也可以是弧形的座椅，或者现代感十足的凹凸金属座椅等，色彩和材质使用范围比较广，价格在80~250元/把。

5－2－8　现代时尚风座椅图片

（2）多功能床，多见于板式家具，高度较矮，线条比较简洁明快，色彩活泼，一般用途兼顾休息、储物，甚至有的可以折叠，方便放置又不占地方。价格在1000~2000元/张。

5-2-9　多功能床图片

（3）直线条沙发，多为直线型，造型简单，材质多为皮艺或者布艺，沙发脚为金属设计，颜色可以为亮色或者百搭的黑白灰色系。不建议多色混搭，因为会显得有些凌乱，价格在600~1800元/套。

5-2-10　直线条沙发图片

（4）几何形茶几，造型越简单越好，材质可以是大理石、金属、玻璃等材质，常见一些正方、圆形形状的，价格在250~700元/个。

第三节　新中式风格

顾名思义，新中式风格不同于中式风格，是将现代设计理念融合中国传统文化元素的一种装修风格。

1.新中式风格构成要素

古典的元素与源自天然的材料，加上现代感的设计，装饰上讲究对称之美，强调线条感，家具多以深色系为主，装饰材料偏向天然的大理石、原木、陶瓷、棉麻织物等，墙面色彩多为白色、米白色、卡其色等大地色系。

5-3-1　新中式风格装修图片

2.新中式风格硬装装修预算

（1）木质材料，新中式常用到木质材料有榆木、白蜡木、黑胡桃木、橡木、乌金木、红木等，喜欢留白，喜欢用木质材料勾勒出线条，结合木质材料天然的纹理，呈现出多层次的质感，价格在300~750元/㎡。

5-3-2　木质材料新中式风格装修图片

（2）壁纸，新中式壁纸一般结合传统文化元素或者山水、花鸟鱼虫，比如梅兰竹菊，或者祥云、回纹等中式图案。色彩主要根据房间属性来定，书房的话可以选择蓝色、白色、米黄色壁纸，具有古典气息；卧室的话也可以用略带素雅花纹的壁纸。

5-3-3　新中式壁纸图片

（3）浅色乳胶漆，黄色和浅棕色是新中式家居装修常见的色调，能够展现古典与现代设计兼糅的特点。白色是最保险的色调，搭配深色原木家具，有提亮空间的效果。自然纹理的浅灰色也能给人一种素净又不失高雅的感觉。价格在30~60元/㎡。

（4）大理石，“室无石则不雅”，大理石取自天然，纹理精致细腻，能够凸显华夏民族的大气端庄，可塑性强与新中式风格强调空间感和层次感不谋而合，可以用于墙面装修和地面装修，市场价在300~700元/㎡。

5-3-4　大理石新中式图片

（5）不锈钢，不锈钢包边的墙面，使得不锈钢线条感与原木自然硬朗完美结合，将古典与现代完美融合。

5-3-5　不锈钢线条新中式风格图片

3.新中式风格软装装修预算

（1）灯具，材质强调自然属性，造型强调简单不复杂，色泽强调与新中式装修风格相一致。屋顶不高的情况建议选择吸顶灯，屋顶高的可以选择带有中式传统文化符号的吊灯，价格在300~600元/盏。

5-3-6　新中式顶灯图片

（2）瓷器，新中式装修讲究传统文化，中国传统文化中的金木水火土，正好与瓷器复杂的制作过程和精美的成品遥相呼应。新中式家居摆上几件瓷器，能够展现生活的品质、环境优雅和不凡的艺术气质。价格在50~400元/件。

5-3-7 新中式瓷器图片

（3）传统刺绣或者文化符号的棉麻织物，图案简单，颜色清淡，加以传统的刺绣针法，侧面反映了业主对美好生活的追求与向往，价格在20~150元/件。

5-3-8 新中式风格织物装饰图片

4.新中式风格家具预算

（1）简洁实木沙发、木框架组合沙发，使用实木或者藤木为原材料，不会采用复杂装饰和雕刻，搭配彩色油漆或者布艺、丝绸刺绣等元素，颜色以原木色或者深色系为主。价格在5000~8000元/套。

（2）茶几，实木为框架，大理石做台面的茶几，给人一种东方现代的气韵，丰富了视觉上的层次感，表现了一种宁静致远的淡泊氛围。价格在300~900元/张。

5-3-9　新中式风格茶几图片

（3）床，多采取传统榫卯结构，实木或者木材为原材料，加以涂刷，环保结实耐用又不失古典美，价格在4000~6000元/张。

第四节　美式田园风

美式田园风也叫美式乡村风格，强调舒适感和轻松感。

1.美式田园风构成要素

美式田园风，色彩多以怀旧绿色、土褐色为主，家具多为厚重风格、做旧的样式，布艺则喜欢异域风情花卉植物和飞鸟鱼虫的图案，搭配棉麻材质，更显自在悠闲的特性。美式田园风的配饰没有过多要求，不建议出现直线，要尽量选用圆润一些的形状，摇椅、田间稻草、铁艺等制品较为常见。

5－4－1　美式田园风装修图片

2.美式田园风硬装装饰材料预算

（1）亚光乳胶漆，从视觉上来说，亚光乳胶漆比较温和内敛，不会产生大面积光污染，有素净之感。可以选显干净的灰色、浅米色、白色等，价格在20~40元/㎡。

(2)复古木地板，多选实木材质，颜色中等偏深，打造仿古的感觉，价格在100~300元/㎡。然后在门口、餐桌或者沙发前多放置一些地毯作为装饰。

5-4-2 复古木地砖图片

(3)壁炉，浅色的假壁炉，造型简约，烘托出家的温暖气氛，也有一定的装饰作用。价格在1000~2000元/个。

3.美式田园风软装装饰材料预算

(1)带雄鹰、小碎花、麦穗图案的窗帘，材质为纯棉或者麻布，体现回归自然，充满田园情趣的生活感，价格在150~500元/套。

5-4-3　带有美式田园风窗帘图片

（2）金属、铁艺、黄铜材质的为灯具框架，突出明快简洁线条感的同时，摒弃了都市的烦琐与奢华，在不同环境中展现独特的干练美，价格在250~1000元/盏。

5-4-4　金属灯图片

（3）金属摆件，多为亮面金属材质，表现出现代感和低调复古的美感，多选搭配金色灯具，价格在150~350元/个。

5-4-5　金属摆件图片

（4）终年不开花的绿色植物，比如千叶木、地毯海棠、龙血树、绿箩、发财树、绿巨人等，常放置于客厅茶几旁边、床头柜处或者梳妆台旁边，体现大自然惬意之感的同时，视觉上打造错落有致的层次感。

4.美式田园风家具预算

（1）胡桃木书桌，木色优雅，纹理别致，防腐、抗压性强，体现了业主喜爱大自然的个性，价格在1600~7000元/张。

（2）碎花布艺沙发，棉麻天然材质配以小碎花、细条纹或小方格等简单图案，映衬在粉色、绿色等清新色调上，凸显出业主家居中自然清新美好的一面，价格800~1800元/套。

5-4-6　胡桃木桌子图片

（3）高靠背曲线造型床，优美的床头，以实木为材质，靠背比较高而且厚实，四个床柱一般为圆球或者圆柱的形态，可以为深色系原木色或者油漆粉刷的彩色，价格在1500~3000元/张。

第五节 地中海风格

所谓地中海装修风格，兴起于11世纪，以自由奔放田园风和明丽色彩为主要特点。

1.地中海风格构成要素

拱形门、陶瓷砖搭配白灰色墙壁，与海蓝色屋顶相得益彰，家具多喜欢做旧工艺，配饰上多为贝壳、鹅卵石，地板材质多为原木，给人清新浪漫之感。地中海风格是最具艺术气质和人文亲和力的装修风格。

5-5-1　地中海装修风格图片

2.地中海风格硬装装饰材料预算

（1）拱形造型，常见于阿拉伯文化典型建筑，常用于卫生间或者厨房装修，也可以用于回廊处连接，给人传达一种纵深感，价格在600~1600元/顶。

（2）海洋元素壁纸，材质多为吸湿透气的环保材质，图案多为海洋图案或者天空、条纹等元素，搭配白色窗帘或者藤蔓家具，给人一种宁静又不失神秘的深邃感。价格在100~300元/卷。

（3）蓝色白色马赛克，这是地中海最具代表性的，将天海合一的风情完美呈现，可直接用于电视墙装饰或者用作卫生间台面、餐厅背景墙等，提升空间美观度的同时，视觉感受很棒，价格在300~450元/㎡。

3.地中海风格软装装饰材料预算

（1）玻璃灯具，半透明玻璃材质，加上灯壁擦漆做旧，自带海风吹蚀的质感，加上柔和的光线，古朴自然质感迎面扑来，价格在100~300元/盏。

5-5-2　地中海风格玻璃灯具图片

（2）窗帘，多选与主体装修色调一致的颜色，可以是蓝色、土褐色、绿色等，搭配绣花窗纱，更显清新舒爽，价格在200~400元/套。

（3）铁艺摆件，比如铁艺烛台、相框、造型各异的花器等，都是典型的地中海元素，提升空间趣味性的同时，也让装饰多了些层次感，价格在100~300元/组。

5－5－3　地中海风格摆件图片

（4）海洋元素装饰品，比如贝壳风铃、救生圈、铁质的矛、木雕工艺的海鸟等，凸显海洋元素的同时，更传达出一种恬淡自然之感，价格在50~200元/组。

5－5－4　地中海风格海洋元素装饰品图片

4.地中海风格家具预算

（1）铁艺床，黑色或者古铜色铁艺床，线条感极强，价格在1500~2500元/张。

（2）藤椅，天然藤条制作而成，有鸡心型、皇冠型，可以放置在阳台或者书房，显露出一种返璞归真的气息，刻画出业主喜欢亲近自然，厌倦都市喧嚣的体验，价格在1000~2000元/张。

（3）蓝白条布艺沙发，棉麻材质的蓝白条图案沙发，搭配乳胶填充物，给人一种清爽的感觉，搭配碎花图案靠枕，透露出一种温馨之感，价格在1000~3000元/套。

5-5-5　地中海风格蓝白布艺沙发图片

第六节 工业风格

工业风最初起源于19世纪的欧洲，巴黎埃菲尔铁塔被建造出来的年代。那时很多家具以此为原型，将工业风发展为一种潮流。铁艺、皮质家具、暴露的管线、水管……这种装修风格传达着一种粗犷却又随性的美，近年来颇受年轻人喜欢。

1.工业风装饰构成要素

这种风格以黑白灰为其主打色调，喜欢做旧工艺，旧风扇、旧自行车、旧铁皮等，均能赋予工业风空间新的生命。这种风格尤其喜欢毫无修饰的感觉，比如裸露的砖墙、原始的水泥墙、暴露的管线等。皮制家具也是其典型的要素之一，似乎告诉人们骨子里的坚韧与不羁，展现那种简约又随意的美。

5-6-1 工业风装修图片（来自《知乎》工业风的市场行情一文）

2.工业风硬装装饰材料预算

（1）斑驳的水泥墙，有种年代感，似乎身处静谧原始的空间架构中，让人不由得

放慢步伐，享受片刻的宁静与美好。因此，墙壁无须刻意涂刷，保持墙面最初的颗粒质感为佳，价格在20~30元/㎡。

（2）水泥地面，一般直接简单涂抹，做好打磨工作，这种比较经济实惠，凸显原始感，价格在50~70元/㎡；还有一种方式比较精细，先把地面做成自流平地面，然后制作高亮度细腻纹理，这种价格略贵在90~130元/㎡。

（3）谷仓门，采取做旧工艺实木条拼接而成的推拉门或者谷仓门，可以用于仓储室或者浴室等空间的装修，节省空间的同时也更实用，而且外表看起来也比较简约，价格在2000元/扇。

3.工业风软装装饰材料预算

（1）裸露灯具，极为简单的筒灯，没有任何多余的设计，只是依靠裸露的电线与吊顶相连，展现工业风的粗犷即视感。有的工业风家居装修喜欢用双节灯，搭配黑色铁艺和原木餐桌，更显不羁与冷峻，价格在100~300元/盏。

（2）铁皮制品，铁艺管件、铁皮火车、铁皮电话亭、金属零件等，都满满的年代感，与工业风装修相得益彰，价格在50~250元/组。

（3）小型绿植，小型的多肉植物、仙人掌、文竹、水仙花等小型绿植的加入，一下子点亮了工业风的生机，让生活多了几分色彩与艺术感，价格在30~120元/组。

4.工业风家具预算

（1）皮质沙发，多色深色系皮质沙发，配有带扣或者圆弧形扶手和铆钉的装饰，结合做旧工艺，更显文艺、复古、尊贵之感。价格大概在1500~3500元/套。

（2）梯子置物架，全金属材质，简约的梯子造型，更显流金岁月的质感，价格在800~1500元/个。

（3）金属+木头家具，金属材质彰显冷峻质感，木头自带温度，二者结合粗犷中不失生活气息。

第七节　东南亚风格

从字面上就比较容易理解，所谓东南亚风格指的是具有东南亚文化特色的装修风格，特点是静谧、脱俗，常用在中国北方尤其是珠三角及其周边地区的装修中。

1.东南亚风格构成要素

东南亚风格装修强调取材天然，造型设计偏向简单，色彩崇尚多种多样，打造一种华丽悠闲之美。装饰品强调纯手工制作，织物多为暖色调。适合喜欢安逸生活，对东南亚民族风有偏爱的业主。

2.东南亚风格硬装装饰材料预算

（1）花卉图案墙纸，东南亚风格强调天然元素，壁纸多用花卉图案，丰富了室内视觉的空间层次感，也营造出一种热带气候的气氛，价格在200~350元/卷。

（2）瓷砖背景墙，细密的彩色瓷砖，配合柔和的光线，再配上木质家具的自然，更显古典精致，价格在50~150元/㎡。

（3）金色动物壁纸，比如孔雀、大象等吉祥物，象征着如意生活的美好寓意，也体现了东南亚特有的文化与风土人情，价格在150~250元/卷。

3.东南亚风格软装装饰材料预算

（1）棉麻织物多选菩提树、芭蕉叶、莲花等植物图案，体现传统东方特色的同时，也彰显民族风，而且与自然材质相得益彰，价格在35~200元/组。

（2）色彩艳丽的靠枕，适合在客厅、卧室摆放，艳丽的色彩混搭在一起，会使得房内一片生机，而且让空间更显温馨，价格在100~300元/组。

（3）铜质或者镀金小佛像、雕花工艺摆件，浓浓的东南亚异域文化与风情，价格在200~500元/组。

4.东南亚风格家具预算

（1）深色系竹帘，给人一种典雅书香气质，适合用在书房，体现一种人与自然和谐相处的意味，价格在100~300元/个。

（2）柚木家具，属于名贵珍稀木材家具，树龄多在百年左右，手感润滑，金黄富有光泽，纹理细腻自然。柚木家具自带芬芳，耐用抗腐蚀，韧性好，不受家居环境影响，2000~10000元/组。

（3）草编、藤编椅子，常见的罗汉床、藤编椅子、官帽椅，一般是用天然的藤条加上尼罗河水草编织而成，搭配各种不同编织手法，给人一种经得起时间考验的质感，价格在300~800元/把。

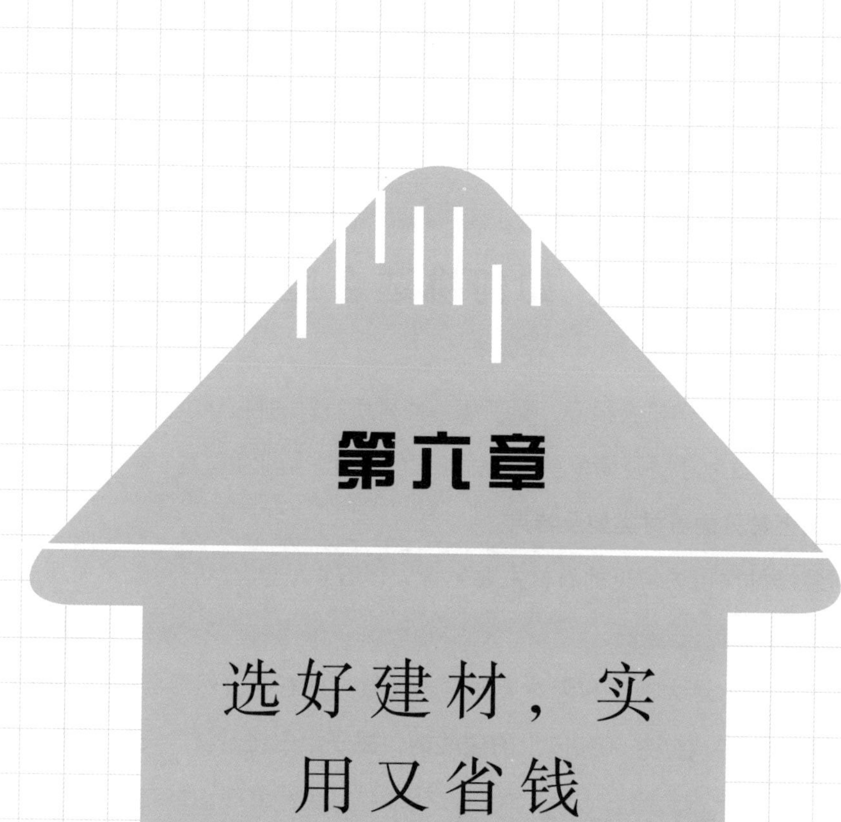

第六章

选好建材，实用又省钱

第一节 如何挑选合适的石材

装修中用到石材的机会很多，不了解各种材质石材的特点或者选购技巧，可能就会花冤枉钱。本文基于普及简单易懂石材知识的角度，给业主选购石材产品提供帮助。

1.市面上常见的石材类型及特点

目前装修材料市场常见的石材主要包含大理石（人造大理石和天然大理石）、砂岩、花岗岩、板石、石墨石。

大理石分为人造大理石和天然大理石。天然大理石是自然形成的碳酸类沉积岩或者变质岩，主要成分为50%以上的碳酸钙，属于中硬度石材。天然大理石的优点就是使用寿命长，可达四五十年，纹理古朴细腻，色泽鲜亮，抛光后触感自然，用途广泛。天然大理石的缺点是质地有些脆，铺设的时候缝隙比较明显，容易滋生细菌，不好修补。

6-1-1 房屋装修使用大理石的图片

人造大理石，顾名思义就是人为制造的大理石，以天然大理石为基础，经过人工填充黏合剂和少量聚酯加工而成的，特性基本与天然大理石无差别，柔韧性更佳，

多用于墙面、地面装修。

砂岩，实际上是用在外墙装修装饰的石材，也属于一种沉积岩，主要成分为65%以上的二氧化硅。这种石材质地偏软，吸水性好，隔音效果好，耐腐蚀、抗风性能佳。

花岗岩，是火山爆发冷却后形成的天然石材，常用于地面砖的铺设。其主要成分是石英、云母、长石，是一种酸性岩石，主要优点就是结构紧密，颗粒细腻，耐磨抗酸抗腐蚀，使用年限可达五十年。需要注意的是，有一部分花岗岩含有一点放射性元素，对人体有害，因此这样的花岗岩并不推荐室内装饰。

板石，主要成分是二氧化硅，主要在房屋瓦板中使用。价格比较经济实惠，平整度好，色差不明显，加工使用起来比较便捷。

水磨石，主要成分是水泥，是一种复合石材，主要用于地面装饰，价格比较低廉，公共场所的装修中会被广泛应用，但是一般不用于家庭装饰。

2.装修石材选购技巧

（1）看表面：如果肉眼观察可以看出石材呈现光滑细腻的质感，则可以视为品质好的石材；反之，切面粗糙、不均匀，力学性能不佳，则质量不是很好。一些天然石材可能自带细脉或者微孔裂痕，这需要引起注意，因为在后续装修的过程中它很可能发生断裂，所以选购时一定要将其剔除。

（2）听声音：质量好的石材，用手敲击会发出较为清脆的声音，这是因为石材内部质地均匀紧密无缝隙；而质地不佳的石材，则由于内部结构松散、有微孔，敲击声音显得有些空洞粗哑。

（3）量尺寸：由于石材的使用不可能只需要一块，肯定使用量比较大，因此会涉及图案花纹的拼接，这就需要丈量房屋和石材的长度宽度，看看石材拼接后的样子会不会影响整个装修效果。

3.不同石材颜色搭配

石材颜色的选择也需要结合整个房屋装修的风格与色调以及房间尺寸来综合考虑，这样才能达到视觉上的和谐。

红色的石材给人积极向上、温暖热情的感觉，较大的客厅可以选择红色花岗岩进行装饰。白色或者灰白色给人清爽、干净的感觉，黑色和灰色的石材则给人稳重大气的感觉，我们可以依据自己的喜好和房屋的整体风格来自行进行深浅颜色的搭配。

地面装饰一般选择颜色清亮的浅色系，厨房、卫生间地面或者墙面一般选择白色、浅白色地砖或者墙砖，给人清爽自然洁净之感。而厨房台面由于经常接触各种调料、茶水、果汁等污渍，因此石材尽量选择深色系。

4.不同石材市场价

国内部分石材市场参考价。

种类	品名	尺寸	参考市场价
大理石	木纹时毛板	300 × 600 × 20mm	80~100元/m^3
		300 × 600 × 30mm	100~150元/m^3
	伊丽莎白	每平方米	400元
	红木纹	每平方米	450元
	国产深咖	每平方米	220元
	法国玫瑰	每平方米	500元
	美国米黄	每平方米	380元
花岗岩	珍珠花	每平方米	55元
	芝麻红	每平方米	50元
	幻彩麻	每平方米	220元
	海蓝星	每平方米	50元
	印度白金	每平方米	480元
	四川红	每平方米	120元
	黑金沙	每平方米	450元
其他	青砂石	300 × 600 × 20mm	25元
		300 × 600 × 30mm	30元
	路岩	600 × 300 × 150mm	600元
		600 × 300 × 200mm	600元
	青石板	300 × 600 × 20mm	15元
		300 × 600 × 30mm	25元

第二节　板材之间的差别

业主装修房屋时，会有很多地方用到板材，可以说板材是家装的基础性装修材料。板材材质不同，价格不同，用处也不一样。家装板材有什么样的分类？不同材质的板材有何优缺点？究竟如何选择才能不入坑呢？

1.从不同板材的材质、性能优缺点来看

实木板材，多为整块木头加工而成，优点是其源自天然，纹理大气自然，气味芳香，坚固耐用，透气吸湿，对人体无害，也不会对居住环境有危害，是定制高档家具、家装地板的优质之选。缺点是价格比较贵，也不能直接使用，需要手工贴面或者刷油，背面还要涂清漆，做地板的话，清洁起来比较麻烦，因此它在实际装修中使用并不广泛。

6-2-1　实木板材图片

刨花板，以木材碎料为主要材质，混合黏胶和添加剂，经过机器压制而成的板材，也叫人造板材。其优点是加工用途广泛，结构稳定均匀，隔音效果好。缺点也比较明显，切面较为粗糙，不耐潮。因此，这类板材适合做衣橱，但是封边时必须加入防潮颗粒。

密度板，也叫纤维板，是以植物或者木质纤维为原材料，加以胶水黏合加工的板材。密度板的优势就是好看而且方便加工切割，缺点就是一旦受潮板材就会发生变形。装修时地板多使用高强度密度板。需要注意的是，选择高强度密度板时，一定要看清楚其环保级别，最好选购E0环保级保证家人健康安全。

胶合板，也叫夹板，是把木头刨花成薄薄的一层之后经过胶水黏合，把三层或者六层薄木压合到一起组成的板材。胶合板在吊顶、电视背景墙、简单的家具中使用较为广泛。选购胶合板主要看清楚其甲醛含量和芯板之间缝隙，还有木纹清晰度。芯板之间缝隙越小、木纹清晰度度越好，胶合板质量越好。

细木工板，是由木条和单个木板加工而成，优势就是隔音隔热效果好，加工切割比较便捷。细木工板加工技艺要求较高，家装需要的细木工板必须是环保E1级别的，低于这个标准，甲醛会超标，对室内空气和人体都有害。一般一百平方米的房屋使用细木工板装修不要超过二十张，否则会对室内空气造成威胁。

2.如何选购板材

静曲强度，可以一定程度上反映板材能承受多大的压力，一般静曲强度越高，板材越不容易变形、断裂。

吸水后膨胀率，指的是把地板放在水温25℃的水中，吸水膨胀率越大，说明板材受潮后越容易变形凸起，不仅影响美观度，更会影响使用寿命。

甲醛释放量，可以说明板材的环保程度。室内空气质量一般会受到甲醛、苯、氨、氡、TVOC等影响。尤其是甲醛，存续时间为3到15年，尤其半年之内是其释放量最猛烈的时候，因此，即使使用比较环保的装修材料，也建议业主不要装修好之后就立即入住，而是应该通风半年到一年后入住。

握螺钉力，握螺钉力越强越好，说明螺钉进入板材之后，越牢固，越不易脱落、松动和爆边。

3.不同板材市场报价

刨花板价格在150元/张，密度板价格在50~300元/张，胶合板价格在250元/张左右，生态板跟三聚氰胺贴面板差不多，价格大概在100~350元/张。不同材质、花色、工艺、产地、环保等级的板材价格不同。

第三节　地面装修选什么

装修时，业主们会经常处于纠结的状态，纠结于装修风格，纠结于预算多少，纠结于地面贴地板还是地砖。而地面作为整个房屋的底色，一定程度上决定了房屋装修的风格和基调，因此选择好地面装修是很必要的。

1.地板

（1）纯实木地板，天然的材质决定了其具备良好的温控条件和自然图案，即使酷热难耐或者严寒冰冻的极端天气下，踩在实木地板上也不会有酷热、冰冷的不舒适感。视觉上，实木地板也给人自然的宁静之感。但是，实木地板也有缺陷，比如日常清洁比较麻烦，需要打蜡上油，才能保证地板表面光泽。另外，室内温度、湿度也需要保持在一个恒定的水平，否则实木地板容易变形。尤其是在寒冷的冬季，室内室外温差较大，有暖气的情况下，空气较为干燥，需要经常性地用湿拖把给实木地板增加湿度。而且，由于硬木资源比较少，因此实木地板价格比较高昂，价格在200~1000元/㎡不等。

（2）多层复合地板，相较于纯实木地板的价格自然少了不少，一般在120~300元/㎡不等。视觉上堪比实木地板，卡扣的设计从施工难度上来讲也降低了。分层粘贴的板材，更适合有地暖的家庭装修，稳定性更佳。缺点是耐磨性不如实木地板，胶水可能影响室内空气的环保度。

（3）塑胶地板，也就是人们常说的PVC地板，质地轻盈，噪音小，防潮防水，因此也受到很多业主的青睐。塑胶地板需要保证地面的清洁，因此铺装之前要保证地面是干燥的、洁净的。其市场价格大概在40~150元/㎡不等。

6－3－1　纯实木地板装修图片

2.地砖

（1）瓷砖，也叫釉面砖，有哑光和亮光两种表面，从防滑性上考虑都还不错，图案花纹也丰富多彩。导热性能更佳，冬天用地暖的话比木质地板能更快让整个房间变热。缺点就是没有地暖的时候，光脚踩上去会感觉比较冰冷，而且如果地面有水渍，老人小孩踩上去容易滑倒。另外，如果单块破损，再次安装会比较麻烦。瓷砖还容易显脏，需要每天及时清洁打扫。其市场价根据规格不同而有所差异：800 × 800的有30元到200元一块不等，600 × 600的有20元到80元不等，300 × 600的有8元到18元每块不等，300 × 300的有3.5元到20元不等。

6-3-2　瓷砖装修图片

（2）玻化砖，又叫抛光砖，优点是导热性好，价格经济实惠，施工前无须泡水，可以直接施工。缺点是图案花纹种类不是很多，防滑度一般，防污能力一般，不建议安装在厨房或者卫生间使用，价格区间在100~200元/㎡。

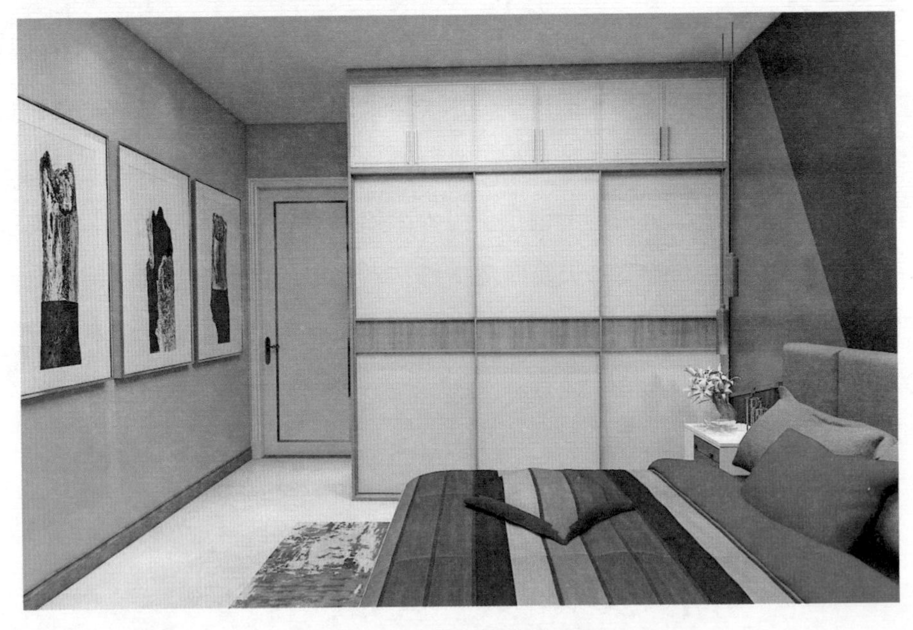

6-3-3　玻化砖装修图片

（3）抛釉砖，具备天然石材的表面凹凸质感，光亮度保证的情况下，图案花纹样式可以选择性较多，抗污性比抛光砖要好一些。但是，家里有老人和孩子的家庭，不适合安装这种瓷砖，因为这种瓷砖防滑度低，脚感冰凉，有点类似踩在玻璃上的感觉，而且需要保持洁净才能更显光亮。

（4）水泥砖，自带复古和庄重感。纯手工制造，价格比较昂贵，一般15~40元/块。

6-3-4　水泥砖装修图片

（5）微晶石，砖表面附着一层微晶石玻璃的材料，一般常用在电视墙的装修装饰中。优点不言而喻，光亮度很高，可以与玻璃相提并论，而且可以做出更多的花纹图案，透光性不错。缺点就是价位较高，一般市场价100~500元/㎡不等。另外，这种材质的砖表面非常脆弱，有砂砾就容易刮花，还非常易碎。因此，必须进门就换鞋或者铺设地毯，才能防止家中进砂砾。

3.选择地面装修装饰材料小贴士

（1）预算多注重生活品质，可以选择木质地板；重视视觉体验和美观度，可以考虑地砖。耐磨其实并不是选择地板和地砖的关键考虑因素，因为人们习惯于进门就换拖鞋，所以不太会对地板造成较大损坏。

（2）喜欢色彩鲜艳或者图案丰富的地面装修风格，可以选择釉面砖或者水泥砖。

（3）预算不多时，普通釉面砖更适合，也更环保可信。

第四节　油漆和涂料怎么选

了解油漆和涂料的选购技巧及预算，计算出油漆和涂料的使用量，既可以避免浪费金钱，也可以节约业主时间和精力。

1.油漆怎么选

市场上油漆分为特殊效果漆、木器漆、乳胶漆等。如果业主追求经济实惠，又注重健康安全，可以选择黑白灰或者蓝白色乳胶漆。这类乳胶漆15 L~18 L的售价千元左右，既可以满足环保需求，也能很好遮盖装饰墙壁。

（1）乳胶漆，价格越贵，越不容易粉刷；乳胶漆光度越高，其表面附着的膜越细腻，越耐得住擦洗。因此，按照光度可以把乳胶漆分为高光、半光、丝光、蛋壳光、哑光等。需要注意的是，乳胶漆可以自己进行调色，粉刷之前最好多买一些调色漆，尤其是选择深颜色系的时候，因为如果调色漆不够，补刷的话很容易造成颜色不一致，影响美感度。

选购乳胶漆时需要注意以下几点。

开盖看	看乳胶漆是否分层	差的乳胶漆上层乳液多，下层固态沉积，说明其为了降低成本掺水较多，导致水分大，合成物树脂乳液含量低。
	看乳液颜色	表层颜色为透明或者白色，说明树脂乳液纯度高；表层乳液呈现淡淡的黄色，则说明其中掺杂了很多化学药剂，树脂纯度并不高。

开盖闻	气味是否正常	异常芳香和刺鼻都不行。可以用手轻轻蘸一蘸油漆，凑近鼻子闻一闻，淡淡的化学品气味是正常乳胶漆气味。
用手摸	感受其密度和附着力	用手指蘸一蘸，然后两个手指来回摩擦。看干得是否快，如果干得快说明密度可以；再用水清洗，越难洗干净说明附着力越好。
色彩专业度	白色乳胶漆不难找，但是能够生产各种颜色的乳胶漆则需要看企业实力和技术。	专业乳胶漆企业重视色彩的专业度。
看品牌	大品牌自然质量、售后都有保障	即使是国外小品牌也不建议购买。
进口产品看认证和相关证件	国外市场很重视认证，比如德国蓝天使认证，美国环境保护署认证，日本PSE产品安全认证等	进口产品还需要看清楚是否具有原产地证明、海关备案书、报关单等。

（2）木器漆，按照装饰图案效果有清水漆、混水漆和半混水漆。所谓清水漆，就是给木制品粉刷油漆后，木材本身自然的纹理和颜色仍然清晰可见。这种木器漆一般常用于高档家具、门、地板的装饰，粉刷完毕后更显木质饱满、光滑。

混水漆，其实就是色漆，粉刷过后会把木制品原有的图案、纹理、颜色完全遮挡住，只显现出油漆本来的颜色。混水漆一般适用于夹板、密度板门窗等，其优点就是颜色可选性千余种，总有一款你喜欢。

半混水漆则是介于二者之间，粉刷后木制品纹理图案仍可见，只是颜色发生变化，适用于木纹清楚，木材质地柔软的木门、家具等。

6－4－1　木质门图片

（3）特殊效果漆，顾名思义刷在特殊表面，或者指定环境中的油漆，比如卫浴间所用的油漆，必须具备防水防潮效果。

2.怎么预估油漆涂料用量

首先，先算出总粉刷面积，即天花板面积粉刷＋四面墙壁粉刷

四面墙壁粉刷面积计算，可以用地面面积×2.5

因此，总粉刷面积可以直接用地面面积×3.5

其次，计算油漆用量，可以用总粉刷面积/产品单位粉刷面积，比如35总粉刷面积的房屋，每公斤可以粉刷3.5平方米，35/3.5=10，意思标记需要10公斤油漆，具体情况根据墙面状况和粉刷方法不同而有所差异。

比如100平方米的房屋，墙体面积250平方米，选用20L的净味乳胶漆，忽略底漆的情况下，粉刷2~3遍，需要3桶左右，1000元搞定，包工的价格是在一平方米20元左右。

6-4-2　装修后图片

第五节　壁纸怎么选

很多年轻的业主不喜欢大白墙，反而喜欢根据自己的风格装饰墙壁，他们觉得在墙壁上粘贴壁纸干净又好看。然而，选购壁纸也有诀窍，掌握了诀窍才能选到理想的壁纸。

1.如何选购壁纸

看材质	市面上壁纸的材质主要有纯纸、PVC、玻璃纤维、针织物、金属、胶面、自然纤维等。有老人孩子的家庭装修最好不要使用胶面装修，因为这类壁纸含甲醛，透气性也不太好，时间长了容易发黄、卷角。纸面的缺点就是容易破损，PVC材质的透气和环保性不足。针织物的壁纸美观度不错但是价格较贵，无纺布壁纸是目前国际最新最环保的绿色材料，金属壁纸造价过高。
摸质地	主要用手触摸壁纸图案的部分，是否有真实立体感，是否薄厚均匀。
闻气味	可以凑近壁纸闻一闻，是否甲醛、聚乙烯的味道比较大，大的话说明环保性不达标。也可以用打火机烧一下，环保性能好的壁纸即使燃烧过后，也不会有刺激难闻的味道，更不会产生巨大的浓烟。
看效果	质量较好的壁纸，第一眼看上去图案纹理就比较精致细腻，颜色也比较自然，立体凹凸感比较强烈，不会存在气泡等问题。
擦洗表面	质量较好的壁纸可以用水进行简单地擦洗，不会留下水渍或者出现污损。业主在选购时，可以用铅笔在上面轻轻画一下，再用橡皮擦拭掉，擦后没有留下痕迹的为佳。

6-5-1　带壁纸房间图片

2.各种壁纸价位如何

不同材质壁纸名称	特点	价格（元/m²）
PVC壁纸	表面光滑，不易变色，耐用，吸水率低，不太适合潮湿环境。	10~30
纯纸壁纸	纯纸浆制成的壁纸，透气性好，防潮、又防紫外线，环保性好，图案好看清晰。但是铺贴技术难度大，容易产生接缝。	120~250
针织物壁纸	用传统的布料丝绸、麻布、棉等材料制成，观感好，透气性高，但是容易潮湿发霉，而且价格较高。	150~220
无纺布壁纸	环保，不易燃，不易氧化，花色单一，颜色较浅，透气性好。	40~90

编织壁纸	用自然植物比如竹子、木头、藤蔓、纸绳等为原材料编织而成的高档墙纸，环保性好，图案质朴自然，静音效果好，但是不适合潮湿环境。	150～280
金属壁纸	给人强烈的视觉冲击，线条感粗犷奔放。	70～300
墙贴	不干胶贴纸，施工方便，可以贴于墙面或者柜子、瓷砖表面，装饰效果不错，图案众多，个性十足，价格差异大。	50～150

装修市面上的壁纸多用卷计算，一般一卷5.2平方米，装修预算有限的情况下，可以使用PVC壁纸，差不多每平方米30元以内；预算多一些的话，可以选择无纺布壁纸，核算下来差不多每平方米60元。高档一些的装修可以选择纯纸壁纸，价格在100元左右每平方米。当然，壁纸价格也和品牌、产地有关，业主可以根据自己的经济情况和需求喜好进行选择和采买。

第六节 门窗耐用最重要

装修过程中，门窗的选购也是十分讲究的，像这样的东西最好几十年不换，反复更换实在是件麻烦事。因此，选择质量好耐用的门窗才是王道。

6－6－1 装修好的门窗设计图片

1.如何选择耐用的门窗

（1）选材质，尤其需要关注门窗的型材、五金配件的性能。窗户要看好玻璃的材质，还要关注门窗的合页、脚轮等频繁滑动使用的配件。门窗材质如果选铁和铝的话，热量不容易储存，冬天的时候屋里可能会不够保暖。木门木窗看上去高大上，但是容易腐烂、开裂、易燃烧，而且价格也比较昂贵，因此要格外注意保养。一般

家装会选择铝合金门窗，经久耐用、方便清理，防水防火，防潮防蛀，不含甲醛。

（2）看工艺，市面上的门窗多为手工制作，极易出现加工不合格的现象，比如切线不够流畅、密封性不太好，开关不太顺畅、角度不一致等。这种手工制作的门窗价格虽然经济实惠，但是遇到较大的风雨或者强大外力的时候，会出现漏风漏雨、破损、零件脱落等现象。因此，还是建议业主购买有企业资质，具备专业机械化，售后服务有保障的品牌门窗。

（3）看性能，门窗性能的好坏主要由承压强度、密封性、开关流畅性来区分。从强度上来看，主要看能否承受超高压；从密封性来看，门窗的里外结构越是严丝合缝，越是说明门窗密封性好，隔音防风性能佳；从开关的流畅性来看，主要是看推拉开关的时候，是不是容易轻松操作，是不是足够安全和静音。这些在一定程度上决定了门窗的使用寿命。

（4）看价格，门窗价格大体是稳定的，但是也与市场上材料的价格升降有关，一线品牌的门窗比质量稍差的门窗价格约高40%左右。

2.不同门窗的特点及价格

不同材质门窗名称	特点	价格（元/樘）
实木门	自带优雅、高大上的自然质感，适合新中式、古典风装修风格。实木门保温耐热、隔音好、不易变形。	≥2000
玻璃门	适合用在厨房、卫生间或者阳台，常见的是木框、金属框玻璃门或者半玻璃门。玻璃门美观度比较好，色彩丰富，可以根据需求自行选择相应的透光率。	≥800
推拉门	主要有内嵌式推拉门和外挂式轨道推拉门，优点是不占空间，为家里增添了几分活泼灵动之感。	≥1200
折叠门	目的是打通两部分空间，起到隔断的作用，还节约空间。	≥1500

百叶窗	透光性好，能充分保护屋内个人隐私，开关都比较方便，适合家中窗户面积比较大的装修。	800～3000
广角窗	造型较多，视角大、采光性能好，适用范围大，适合各种装修风格。	1000～1500
气密窗	封闭性好，隔音防水效果好，能有效促进室内空气流动，避免通风不足。	1000～2000

第七节　洁具怎么选

在装修不成文的规定中，厨房和卫浴间是装修中最耗费金钱的两大项目。因为厨房、卫浴间是从早到晚使用度相对较多的地方，如果只图便宜，结果弄得下水道臭烘烘，水龙头总坏，花洒一直漏水，势必就要重复装修。因此，做好预算，选对洁具非常重要。

1.卫浴洁具有什么材质

（1）人造大理石材质的洁具，是以不饱和聚酯树脂做胶粘剂，石粉、石渣做填充料，当不饱和聚酯树脂在固化过程中把石渣、石粉均匀牢固地粘在一起后，便形成坚硬的人造大理石。这类洁具造型美观、表面光洁平滑、色泽鲜艳、不易变形、耐酸耐碱。

6-7-1　人造大理石洁具装修图片
（源自百度图片“兰黛佳人”之 北欧大理石浴室柜组合）

（2）玻璃钢材质洁具，采用热固性不饱和聚酯树脂或者环氧树脂为黏合剂，以针织物或者玻璃纤维为加强材料，采用手糊、喷射成模型和模压成型而制成。优点是颜色艳丽、形状丰富、观感较好，耐热防水，耐腐蚀，使用寿命长，方便安装维修和运输。

2.卫浴洁具如何选购

（1）选好马桶

坐着是否舒适	业主可以自行坐上去试试，看看坐围是否合适，马桶高度是否合适，两腿弯曲是否合适，大小尺寸是否适合自己卫生间的大小。
冲水力度是否够大	正规厂家的马桶冲水是没问题的，购买时尤其需要注意水箱的高矮，水箱高度不够，冲水力度会变小。另外，要注意虹吸管道的设计，冲水时虹吸声音强劲有力为佳，水封在5cm~10cm合适。
盖板是否经久耐用	最好选择带缓冲的盖板，这样不会因为放下时砸到马桶发出巨大声响，也不要选择安装麻烦的盖板。
看水箱水件是否耐用	水箱水件容易损坏，看其是否有商标，吉博力、瑞尔特、威迪亚品牌的都可以放心购买，其余品牌的话最好检查一下水件是否安装紧凑，连接杆是否灵敏，按钮是否回弹性可以。
釉面是否方便清洁	看清楚表面是否有补釉，有的话不易清洁，属于残次品。手触摸排污管道是否施釉，不全面施釉的马桶，表面凹凸不平，容易堵塞。

6-7-2　带马桶卫浴间装修图片

（2）选好合适尺寸的面盆

根据卫浴间的大小和实际设计情况选择适合的面盆，比如浴室面积低于5平方米，建议选择柱形面盆，不占地方，也可以增加卫浴间的通透感。如果卫浴间面积大于10平方米，可以选择各种款式的台式面盆，提升卫浴间的档次。

6-7-3　台式面盆卫浴间装修图片

(3)选好淋浴或者浴缸

卫浴间比较大，业主又喜欢泡澡，便可以购置浴缸。浴缸按材质主要分为钢板浴缸(清洗方便)、亚克力浴缸(造型多样、不易清洗、使用寿命短)。花洒在家装中比较普遍，业主可以根据自己的预算、装修风格，选购不同品牌、款式、规格的花洒。一般来说，0.4毫米的出水更细腻温和，沐浴感觉更舒服。

6-7-4　带浴缸卫浴间装修图片

3.不同卫浴洁具特点和价位

名称	特点	价位(元/个)
柱形面盆	卫浴间较小时安装此类面盆。	200元起
一体盆	容易清洁打扫，款式不多，不易发霉。	300元起
台上盆	施工较为便捷，不易脏，美观度高，台面可以放置日常用品。	200元起
智能马桶	用户体验感好，价格贵。	≥3000

虹吸式马桶	冲力大，费水，噪音小，防臭效果好，造型选择性较多。	≥650
分体式马桶	占用空间大，不好清洁，连接处容易脏。	≥300
按摩浴缸	全身按摩，舒适度很好。	≥4000
亚克力浴缸	造型多，价格实惠，耐高温、耐压差，易老化。	≥1400
铸铁浴缸	耐用、重量大、易清洁，价格贵。	≥2500

第八节 水路电路材料要选对

水电要满足家庭一日生活之需，因此装修水电时，安全肯定是第一位考虑的，其次才是预算和价格。因此，水电路材料切记不要贪小便宜，不要买杂牌假货，看似隐蔽工程不起眼，实则关乎家庭幸福与安全。

1.水路材料要选好质量

用途	名称	属性	价位
进水用	PPR冷热水管	4分/6分，主流水管材质，耐高温。	3~10元/米
	PVC三通	连接三个直径相同的管道。	2~8元/个
	PVC弯头	连接管道转弯处的管子。	1~8元/个
	PVC阀门开关	目的是为了安装和维修水路管道方便。	50~220/个
排水用	伸缩节	在横管和立管交叉处三通下部，可以有效防止水管接口处裂开。	5~15元/个
	PVC排水管	聚氯乙烯树脂为主要原材料，抗腐蚀、膨胀率低，价格不高，安装方便。	10~80元/米
	存水弯	防止污水和虫子进入浴室，有S形和P形两种形制。	6~15元/个
	排水管PVC弯头	可以连接相同或者不同规格的PPR管或者外牙、水表、内牙等。	5~50元/个

水路材料的选购尽量选购同一厂家和品牌的，方便日后售后或者更换方便，同时向商家索要售后服务保修卡。

（1）建议选择外接6分管，根据自家进水出水口尺寸选择适合的进水出水管。

（2）如果业主喜欢大出水量的话，可以选择球阀。

（3）PPR进出水管尺寸怎么选，可以根据业主房屋具体水压情况和管壁厚度进行抉择，一般总管道使用6分，旁路水管使用4分。

2.电路材料不能图便宜

（1）配电箱选购标准，有强电电箱和弱电电箱之分，从外表上看，表面不能有破损，厚度不可以低于0.8mm，漆层表面光滑饱满无腐蚀。

（2）电线选购标准，用有光泽的铜芯为原材料的，选购时最好反复弯折一下，手感好，不轻易张裂、发白的是质量较好的电线。1.5mm2电线串联灯具，价格为80~120元/卷；2.5mm2电线是插座使用的电线，120~200元/卷；4mm2电线是空调、电视、热水器等较大功率电器使用的电线，200~300元/卷。

（3）开关插座选购，一般选购五孔插座或者86型暗盒插座，可以按照实用程度>价格>性能>美观度来选择。开关价格一般在10~200元不等，智能开关较贵价格在150~300元/个。

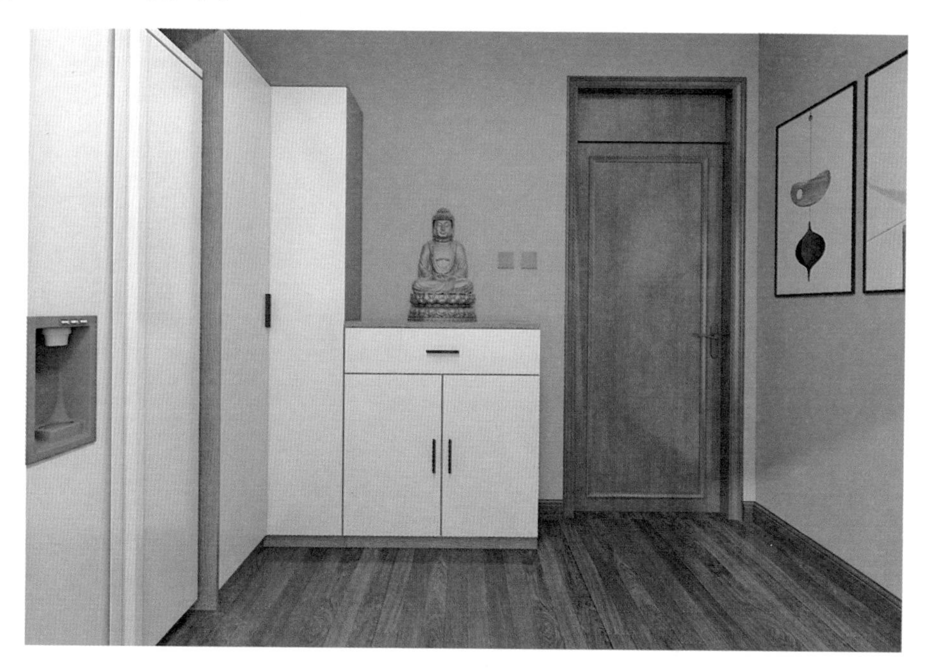

6-8-1　带开关插座房间图片

（4）漏电保护选购，最常用的一般是老品牌施耐德或者进口电磁式漏电保护，价格在130~300元/个，想要节约一些预算的话，可以不选择分路漏电保护。

（5）网线选购，可以根据网线布置是墙内还是墙外选择，墙内的话多选择超五类网线，也可以按照流量选择。如果希望达到速度较快的万兆，至少选择六类网线。

（6）空气开关选购，其主要作用就是限制流动。国产的空气开关经济实惠，差不多8元一个；进口的空气开关，差不多20元一个。选购时主要看有无产品合格证，开关是否灵活，手柄推拉是否足够有弹性，重量在85g以上为佳。

第七章

做好施工预算，减少额外支出

第一节　水路工程

作为家装中隐蔽工程之一的水路工程，由于藏匿于墙面、地面、顶面之内，因此施工和验收时都需要格外注意。

1.水路施工要点

(1)材料是否合格，是否合乎国家安全标准。

(2)是否根据洁具实际安装位置，确定好了排水口与进水口。

(3)安装冷水和热水管时，顺序不能错：左热右冷、上热下冷。

2.水路工程验收注意事项

(1)检查水管及水龙头安装是否严丝合缝，是否存在漏水的现象。

(2)看看进排水管是否畅通无阻，有没有出现回流、排水慢、渗流等现象。

(3)看看卫生洁具安装是否结实、牢固。

(4)阀门的安装是否根据水流方向进行了安装，千万不可以高进低出。

(5)管壁有无裂痕或者鼓包。

3.水路工程材料预算

材料名称	单位	单价(元)
人工开槽	m	10~30
40mm铝塑管(不含开槽费)	m	65
60mm铝塑管(不含开槽费)	m	85
40mm高级PRR复合管(不含开槽费)	m	65
40mm紫铜管(不含开槽费)	m	100
60mm紫铜管(不含开槽费)	m	140

第二节　电路工程

电路工程关乎业主及其家人的生命安全，为了确保电路工程的安全性与实用性，业主需要在电路工程施工及验收上下一些功夫，并对相关材料预算有所了解。

1.电路施工要点

（1）电源线路不得与通信线路同时插入一根保护套内。

（2）具体问题具体分析，应该根据用电实际情况安装电路、设计走线和插座具体位置。

（3）所有插座、开关与装修前预留的电源插座、开关需要保持在一个水平线上。

（4）同一个管内，最多不能超过四根同一回路的电线，否则容易发生火灾或者短路。

（5）所有电线接头处都需要包装好绝缘带。

（6）厨卫间由于水渍较多，也比较潮湿，因此需要安装带外罩的防溅插座。

2.电路工程验收

（1）检查是否按照电路图设计进行铺设。

（2）是否安装线路故障保护装置。

（3）电线、电缆是否牢固结实、水平安装。

（4）暗线是否按安全规定安装了护套线。

（5）零线是否安装插座，配电线路是否按要求输入开关。

（6）插座与地面距离是否合格，正规的话应该保持200mm的安全距离。

3.电路工程材料预算

材料名称	单位	单价（元）
暗管管布线	m	40
暗管开槽	m	仅人工费用15
明管安装	m	包工包料30元左右
弱电布线	m	30
强电布线	m	20
开关插座暗盒安装	个	仅人工费用10

第三节　油漆工程

油漆工程关乎室内空气质量的好坏，也关乎视觉上的美观度。但是，许多业主对什么是油漆工程，施工流程是什么，验收时有什么注意事项并不足够重视。知己知彼，才能真正省钱又实用。

1.油漆工程施工流程

基面处理→刷底漆→砂纸打磨→润油粉→基层着色→刷腻子→打磨油色→刷第一道清漆→补腻子→砂纸打磨修补颜色→刷第二道清漆→刷罩面漆

2.油漆工程验收注意事项

（1）看涂料是否为合格的绿色环保产品，坚持到正规店铺购买。

（2）用手触摸墙面乳胶漆是否平整、均匀。

（3）不要在潮湿或者特别冷的情况下施工。

（4）不要在施工时使用明火，注意保持室内通风，窗户始终打开。

（5）油漆缝隙如遇开裂可以填充石灰膏，再贴防裂胶带，再粉刷油漆。

3.油漆工程预算

材料名称	单位	单价（元）
亚光涂料	㎡	20～40
光面涂料	㎡	20～35
进口光面涂料	㎡	40～55
进口亚光涂料	㎡	40～50
抗菌乳胶漆	㎡	30～40
刷清漆	㎡	80～120
刷有色漆	㎡	30～50

第四节 吊顶工程

除了墙面和地面装修工程之外，吊顶是现代家装中又一个主要部分。吊顶装修做得好，整个家居看起来会更加敞亮，反之则会影响房间的观感，甚至影响安装照明和通风功能。因此，业主做好预算的同时还应该懂得吊顶工程的施工流程和验收注意事项。

1.吊顶施工流程

吊顶龙骨→石膏板安装→吊顶防水处理→吊顶防裂处理→钉帽防锈处理→验收

2.吊顶验收注意事项

(1)针对混凝土水泥的基层吊顶，验收时需要观察其表面是否足够清洁、平滑，是否出现空鼓、开裂等现象。

(2)针对木质吊顶，则需要看整个吊顶外表是否有脱胶、卷角、起皮，还需要检查木龙骨是否结疤，吊杆与龙骨连接处是否足够牢固。

(3)针对轻钢龙骨吊顶的验收，则需要检查其连接处是否松动，材料平面是否完整、顺直，龙骨中心是否从短边起拱等细节。

(4)对于木栅栏吊顶，验收时需要看尺寸是否准确，连接处是否结实、牢固等。

(5)针对铝扣板吊顶，则需要看拼接处有无变形、污渍，缝隙连接处是否严丝合缝。

3.吊顶预算

材料名称	单价	单价（元）
夹板型（1～3级）天花板	㎡	200～300
轻钢龙骨（防潮板、石膏板）平顶天花板	㎡	150
磨砂玻璃吊顶	㎡	200
彩色玻璃吊顶	㎡	250
铝扣板吊顶（方形）	㎡	150
石膏角线	m	20
天花角线	m	30
红榉阴角线	m	50

第五节 地面地板工程

由于地面工程在整个家装过程中面积较大，也属于家装的重点，因此业主需要对施工工艺、流程及验收程序做好功课，并根据自己的需求做好预算。

1.地面工程施工流程

（1）先清扫地面，浮灰、砂浆、油渍都清理干净，抹底灰排砖弹线。

（2）水泥砂浆找平，目的是保证地面平整度。

（3）浸泡瓷砖，浸泡至少两小时以上，不冒泡为佳，再晾干待用。

（4）铺设地砖。

（5）留出足够晾干时间，铺完2~3小时不能踩踏。

2.地面工程验收

（1）检验地面找平的问题，需要查看工人水泥用量是否达标，地面干透之后，用水平尺进行测量，看其是否真的平整。

（2）为了保证瓷砖不会掉落，一般不会使用混凝土砂浆或者石灰浆直接铺贴瓷砖，而是需要做基层处理。在石灰砂浆与基层中间用黏结胶水作为黏合，效果更佳，更有助于居住安全。

（3）视觉上看地砖是否有高度差，尤其需要关注客厅和卧室的地砖。

（4）提前留好门缝的位置，就不用后续业主自己切割门套、瓷砖了。否则，自行切割门套、瓷砖，一方面美观度不够，另一方面也不安全。

3.地面工程预算

材料名称	单位	单价（元）
600×600地砖	㎡	30～50
800×800地砖	㎡	50～70
拼花地砖	㎡	55
马赛克地砖	㎡	80～120
石材铺设	㎡	60～80
混凝土	方	200～300

第六节　墙面工程

墙面施工也是家庭装修中的“面子工程”，粉刷不好不仅可能引发墙皮开裂掉皮，甚至还会渗水，引发房间潮湿，无奈只能重新装修。因此，业主做好预算的同时，还需要了解墙面装修施工流程及验收注意事项。

1.墙面工程施工包括

墙面基层粉刷、加涂界面剂、做好防水处理、防裂处理、多次刮腻子、细砂纸打磨、刷底漆、涂刷乳胶漆。

2.具体施工流程

（1）粉刷墙面基层：需要把墙面的最表面那层粉刷得干净平整。

（2）加涂界面剂：由于墙表面过于光滑，加涂界面剂就是希望改变墙面的本来属性，使得后续粉刷的油漆或者涂料能够吸附或者包裹住墙面。

（3）涂防水涂料，主要是粉刷带有纯丙烯酸聚合物乳液为基料的涂料，起到防水、防渗漏、保护墙壁的作用，尤其是厨卫间肯定会用到。

（4）防裂处理，主要是对墙壁接缝处填充泡沫剂和专用的油漆纸带进行封口，目的就是防止接缝处漏水、漏气，保证墙面基层牢固不裂。

（5）至少需要粉刷三次腻子，目的就是给墙面做好基本的清洁和装饰。

（6）腻子干透大概需要一个多月的时间，之后一般选用240目砂纸或者360目、180目砂纸打磨墙面，砂纸太细导致墙面不平，砂纸过粗则可能留下划痕，影响美观。

（7）刷底漆，提升黏合力。

（8）砂纸打磨，再刷乳胶面漆。

3.墙面的验收注意事项

（1）看看墙面是否出现空鼓的现象。

（2）可选择雨天观察墙面是否渗水或者存水渍。

（3）需要格外注意屋外墙、承重墙、阳台、墙根等地方是否有裂纹。

（4）可以用大功率的灯泡照射墙面，观察其是否有颗粒感，目的是看其平整度。

（5）可以用直角尺看墙面是否紧密无缝，≦2mm是正常范围。

（6）腻子干透后，业主可以自行往墙上泼水，第二天再用手触摸墙壁，不掉灰则为优质。

4.墙面工程预算

材料名称	单位	单价（元）
涂料（面漆）	公斤	30
柔性腻子（弹性腻子）	平方米	3
抗碱底漆（一遍）	平方米	3
辅料、吊栏等费用	平方米	4
人工费用	平方米	15

第七节 隔墙工程

所谓隔墙，从字面上就可以理解，指的是分隔房间内部空间的墙壁。不同的房间隔墙有不同性能要求，也有不同的材料和施工步骤，做好隔墙施工预算保证建筑安全的同时，也节约了业主的时间、金钱。

1.轻钢龙骨隔墙

(1)材料优势：材质比较轻盈，施工较为方便，一般采用实木或者金属作为龙骨框架，板材做面板。如需隔音效果好的话，需要施工时做好隔音材料的填充。

(2)施工流程：弹线→安装横向龙骨→安装纵向龙骨→布置管线→安装卡档→安装门洞门框→填充隔音棉→安装另一侧面板

(3)预算成本：人工费用大概在40元/㎡，材料费用：9.5mm厚的纸面石膏板9元/㎡，轻钢龙骨25元/㎡。

2.型钢龙骨隔墙

(1)型钢龙骨：新型建材，以轻钢材作为框架，向两侧延伸，由人造面板和抹灰面层组合而成。其作为隔墙的优势是材料环保、材质比较薄，方便施工作业，质地比较轻，拆装比较简便，适合多种环境下安装，不易变形。

(2)成本预算：人工费用大约在70元/㎡，轻钢龙骨35元/㎡。

3.砌块隔墙

(1)材料：主要采用轻质加气砖或者空心砖作为隔墙，目的是减轻隔墙自重和节省预算。

(2)工艺流程：先湿润材料→放线定位→搅拌砂浆→砌砖、撂底→梁柱建造→缝隙修补→清理施工现场

(3)预算成本：人工施工费用在50元/㎡，加气砖价格4元/m^3。

第八节　门窗工程

很多第一次装修的业主对安装什么门、什么窗，选择多少价位，什么品牌，预算多少等一系列问题都一头雾水。门窗关乎一个家的门面，窗户安装也关乎家居品质，找对施工重点，做好门窗工程，省钱又实用。

1.木质门窗工程施工工艺及流程

（1）平开木门窗

首先，根据500毫米水平线确定安装位置，并用模子固定。

其次，用线坠进行校正，再把钉子固定在木砖上。

最后，把门或者窗户倚靠框上，铅笔画出标准尺寸后，留出合页的槽并剔开固定安装。

（2）悬挂式推拉木门窗

首先，根据500毫米水平线确定安装位置线，用螺丝固定。

其次，用木膜把门导轨垫平整，用螺母固定挂件，并检查滑轨是否平顺，门边与侧门框贴合。

（3）下承式推拉木门

首先，需要用弹线确定安装位置，用螺丝钉固定上框板位置。

其次，准确划出滑槽安装位置，修出与钢皮厚度一致的木槽，灌入黏胶，钢皮滑槽放置到木槽内。

再次，安装窗扇时，需要将轮盒放进预留孔，然后测量窗边与侧框板缝隙宽度是否上下对等。

2.断桥铝门窗工程施工工艺及流程

（1）断桥铝门窗安装流程

清理洞口→调整、固定窗框→填补缝隙→填充胶水安装玻璃→五金配件安装→测试是否严丝合缝→清理施工现场

（2）注意事项

首先，安装前测量窗户以及门的尺寸是否与洞口尺寸相符合。

其次，要检查窗户是否安装正了，可以使用水平尺或者吊锤。

最后，打发泡胶水时要注意固化时间，一般为3小时左右，冬季由于气温低可能需要5小时甚至更久一些。

3.铝合金门窗安装方法

铝合金门窗凭借其出色的隔热、防火、耐腐蚀、耐用性能优势，赢得了很多业主的青睐，其安装方法如下。

首先，按照规定尺寸做好门窗洞口的修整，用螺栓、螺母固定好连接。

其次，用木楔临时固定好铝合金门窗，并可以借助水平仪调整好水平和垂直的距离和高度，并用矿棉毡条分层做好填充，稽口处保留58mm深缝隙。

再次，安装门窗，并推拉、开合实验是否自如开关滑动。

最后，清洁铝合金门窗外表。

4.门窗预算及安装费用

项目名称	单位	单价（元）	解释说明
厨卫防水门	扇	400	含安装费，单门的费用仅为250元/扇左右。
红白桦木门含门套	扇	1500	一般使用3mm国产红白桦木封面，外表上采取实木收口。
黑胡桃木门含门套	扇	2000	一般使用3mm国产黑胡桃木封面，外表上采取黑胡桃木收口。
樱桃木推拉门套	m	160	一般采用国产铝轨，15mm大芯板。
塑钢门及门套	㎡	600～1000	聚氯乙烯（UPVC）树脂为主要原料。
断桥铝门及门套	㎡	400～600	边框采用一胶条，双毛条的三密封形式。
铝合金门及门套	㎡	400～1500	主要看型材品牌型号、五金件品牌和玻玻璃配置。

第九节　防水工程

初次装修的业主大都犯同一个错误，那便是以为防水只有卫浴间需要，而忽略了诸如阳台、厨房也需要做防水。于是，结果可想而知。一旦出现漏水的问题，耗费时间精力金钱不说，房子整个装修质量和效果都会受到影响。

1.防水工程注意事项

（1）要充分考虑到厨房防水的高度问题。很多业主只考虑到厨房地漏排水做好后，可有效防止出现排水不畅、漏水或者有异味的情况。但实际上厨房防水高度也需要格外重视。因为人们需要在厨房洗涤蔬菜瓜果，因此厨房内部防水建议做到30厘米左右，放置洗菜、洗碗槽的地方建议防水做得更高，做到100~120厘米才不至于水渍溅到墙面形成霉斑。

（2）阳台地面选择适合的防水材料，比如水性的涂料，环保的同时也比较好施工。还有，阳台如果安装推拉门，一定要注意轨道的润滑程度以及密封性，防止雨水侵袭。另外，阳台的地面和墙壁的缝隙需要清理干净，同时填充好发泡剂和防水材料。

（3）地暖防水也很重要，现在很多新房都是采取地暖，但是一旦漏水，维修起来相当麻烦。因此，业主最好选择正规厂家生产的合格管道和地暖，从而保证管道不会因天气变化渗水。

（4）防水工程施工要点

第一，先找平再做防水，二次装修的房子需要先用水泥砂浆做平地面，再进行防水工程。这样可以有效防止由于地面不平导致防水涂料薄厚不均从而产生漏水现象。

第二，控制好防水材料的含水量，施工人员需要严格遵循和控制防水率进行施工操作，防止由于含水率过高导致的起包和起气泡。

第三，注意地面的管道连接处，很多时候渗水漏水都容易发生在地漏、洁具、管道底部或者阴阳角的位置，原因就在于这些位置容易产生松动或者粘贴不牢固、涂刷不够严密、甚至有的零部件不够长，因此施工时这些部位需要格外注意。

第四，如果出现防水层24小时涂刷后还没有凝固的情况，可以适当撒一些干的滑石粉，这样能够有效防止粘脚，缓解防水涂刷不固化的现象。

第五，需要在适当的地方加附加层，比如地漏、管子底部、洁具底部、出水口等位置，建议先做防水附加层。

为了方便读者理解，附上下面的示意图。

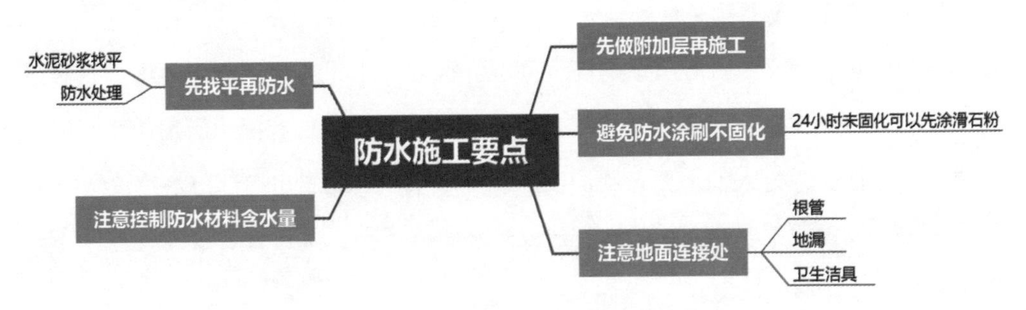

7-9-1　防水工程施工要点示意图

2.防水工程预算

项目名称	单位	单价（元）
2mm防水卷材	㎡	20
3mm防水卷材	㎡	25
搭接及附加层	%	10
冷底油	㎡	5.5
人工施工	㎡	30～50

第八章

做好空间预算，节约支出少返工

第一节 客厅吊顶预算是关键

客厅装修要考虑装修风格、材料选择，因此实用与预算总价可控是标准。

1.客厅不同吊顶装修预算

不同材质吊顶	特点	价位
硅钙板	防潮，能调节室内湿度，能够较好地保护家具、家用电器不受潮。	6mm厚 硅 钙 板 18元/㎡ 8mm厚硅钙板 21元/㎡
PVC塑料扣板	常使用在厨房、卫生间装修吊顶中，价格比较经济实惠，质地轻、防潮、防蛀。	20~80元/㎡
石膏板	新型吊顶材料，造型样式多种多样，图案精美，美观度高，吸音效果好。	12元/张
铝扣板	防火、防潮、耐腐蚀，有烤漆板（使用寿命短）；覆膜板和滚涂板（图案单一）。	铝扣板 300 X 300（0.6厚）含人工费参考价：60元/㎡ 铝扣板 300 X 300（0.5厚）参考价：74元/㎡ 铝扣板 600 X 600（0.6厚）含人工费参考价：58元/㎡

8－1－1　吊顶的房间图片

2.客厅不同材质地面装修预算

（1）实木地板，视觉感觉比较高大上，优势在于硬度高、耐腐蚀、耐磨，纹路自然清晰，踩上去舒适感更强烈。缺点是不好清洁打理，价格还比较贵，200~1000元/㎡不等。

8－1－2　客厅实木地板图片

（2）大理石地板，光彩透亮，花纹细腻，适用于不同装修风格的客厅装修，也比较耐用。缺点是不太好施工，需要注意图案花纹的拼接，不太耐脏，市场价在150~350元/㎡。

8-1-3 客厅铺设大理石地板的图片

(3)强化地板，由耐磨层、装饰层、防潮层和高密度基层四种复合材料制成，优点是使用寿命长，不容易沾染污渍，耐磨，清洁方便，价格也比较优惠，市场价在80~250元/㎡之间。建议客厅选择浅色系强化地板，更有放大空间的效果。

(4)仿古地砖，可以做出复古的感觉，有立体质感与花纹，适合美式田园风格、复古风装修风格，在客厅装修时一般常用在斜贴。

(5)瓷质抛光砖，硬度高，高反光，不易出现划痕，还能仿制各种石材的纹路，有“地砖之王”之称，适合用在客厅装修装饰中，价格在100~300元/㎡之间。

3.客厅不同背景墙装修预算

(1)壁纸，图案比较丰富多彩，施工简便，更换容易，遮盖力强，适合预算有限的客厅装修。价格大概在70~200元/㎡之间。

8-1-4　客厅壁纸背景墙图片

（2）硅藻泥，给客厅增加更多层次感，还具有除甲醛，净味空气的效果，而且硅藻泥的图案可以根据客户需求进行定制设计。市场价大概在70~200元/㎡之间。

（3）大理石，天然材质的大理石背景墙自带简洁大气的质感，视觉冲击力强烈，有提升客厅档次的效果，市场价大概在200~400元/㎡。

8-1-5　大理石背景墙图片

（4）纯色乳胶漆，可以选择有颗粒感的蓝色、白色、灰色、绿色等乳胶漆作为背景墙，价格大概在20~100元/㎡之间，想要手绘图案则大概每幅100~2000元之间。

8－1－6　纯色乳胶漆背景墙图片

（5）玻璃、金属，适合喜欢金属感那种个性装饰风格的业主，比如把各种玻璃、金属镶嵌在一起，看起来时尚又大气，市场价格在220~400元/㎡之间。

4.装修客厅需要把握的省钱原则

（1）考虑好整体装修设计风格，是新中式风格、北欧简约风、美式田园风格、抑或是现代时尚风，选定了客厅装修风格，才能进一步确定装修的难度程度，才方便计算出装修大概需要的费用。

（2）考虑好装修档次，是精装修还是简单装修，或者适中档次装修，装修档次不同选择的装修材料自然不同，预算也大不相同。如果预算有限，又想要尽快入住，建议选择简装；想要追求生活品质又不急于入住，可以选择中高档次装修。

（3）考察好装修公司专业资质和实力，专业、有资质的装修公司，无论是设计师还是装修师傅的施工水平都足够水准，花销自然也大一些。

第二节　卧室重要是安睡

卧室是绝对意义上的私人空间，好好装修卧室，让自己身心得到彻底的放松和休息，才是最重要的。因此，卧室装修时无论是墙面、地面还是背景墙、家具、家电的选择都应该从健康安全和舒适来考虑。

1.卧室装修墙面怎么选

（1）硅胶泥材质，纯天然的硅藻土制成，又被称为“会呼吸的装修材料”，具有调节温度湿度，洁净空气的作用。作为卧室墙面装修材料，其自然的淡雅色调，不会刺激眼睛，还能帮助人们尽快入眠。市场价在70~200元/㎡。

（2）集成墙面，是市面上装修公司最常用到的材料之一，尤其是竹木纤维为主要原材料的集成墙面，由于不含甲醛，还具有木制品的天然属性——防潮、保温，因此受到大部分装修家庭的青睐。市场价在120~350元/㎡。

8-2-1　卧室集成面板墙图片

（3）液体壁纸，近几年液体壁纸也由于其图案丰富、价格便宜、使用寿命长，受到一部分家装业主的喜欢，价格在15~30元/㎡。

（4）皮革软包墙，在欧式或者复古装修风格的卧室设计中，皮革软包墙会比较常见，一般是将床头那面墙从地面到顶面采用斜贴或者竖贴的方式，包成方块状的皮革。市场价在350~600元/㎡。

（5）布艺硬包墙，现代简约风装修的卧室设计中时常出现这种布艺硬包墙，不添加海绵内层，只是使用传统布艺材料，凸显墙壁的棱角与自然坚挺的触感，打造一种简约时尚又不失干脆利落的感觉。其价格在200~300元/㎡。

2.卧室装修地面怎么选

（1）实木地板，全部实木制作而成，环保性自然比较好，木材踩上去特别舒适，而且它自带的天然木香也有助于睡眠，因此特别适合卧室地面装修使用。铺设实木地板的时候一定要注意支撑龙骨要事先做好。实木地板的价格有不同档次，价格在200~1000元/㎡不等。

8-2-2　实木地板卧室图片

（2）竹木地板，比较环保，美观度比较高，卧室中采用这种材质的地面更凸显雅

致韵味。竹子天然的冬暖夏凉属性，以及防水防潮的效果，也符合卧室对地面的装修要求。价格在200~380元/㎡。

（3）复合地板，近几年装修中经常用到的地面材料，比实木地板好打理，无须抛光、打蜡，更耐磨，即使遇到暴晒或者发水的情况也不会发生卷边、翘角的情况。而且，复合地板花纹自然，视觉上给人舒适的感觉，是卧室装修理想材料。价格在150~400元/㎡。

（4）亮面漆光复合地板，复合地板的外层涂刷了高亮、透光性好的亮面漆，配上柔和的卧室灯光，增加了卧室的暖意和洁净感。价格在200~280元/㎡。

8-2-3　亮面漆光复合地板卧室装修图片

（5）地毯，尤其在靠近床的位置，很多年轻人喜欢在冬季的时候铺一张地毯，柔软温暖的触感，加上吸音的效果，给卧室增添了一抹暖意和质感。特别是纯色的地毯，适合卧室装饰。价格大概在100~300元/张。

8-2-4　卧室铺设一张地毯的图片

3.卧室吊顶怎么选

(1)圆形吊顶，常用在儿童卧室装修中，搭配暖色主灯，给人天真烂漫的感觉，价格在70~130元/㎡。

(2)藻井式吊顶，卧室面积较大、楼层又较高的话，常使用这种吊顶方式。天花板周围进行立体感十足的局部吊顶，能放大卧室的空间感，再加上主灯和辅灯的烘托，可以营造别样的居家感受。

(3)长方形吊顶，最常见的一种四边下坠，中间凹进去的吊顶方式。可以安装主灯，而且安装主灯后视觉上很舒服，价格在100~150元/㎡。

8－2－5　长方形吊顶卧室装修图片

（4）吊顶和床头墙一体式，呈现L型或者U型线条，不宜安装吊灯，适合安装筒灯加灯带，年轻人比较喜欢这种风格。

第三节　餐厅重实用与耐用

中国人最注重一日三餐，很多人喜欢在吃饭的时候交流情感，因此无论大小户型，无论什么装修风格，餐厅的装饰装修必不可少，而且应该首先考虑实用。

1.餐厅不同造型顶面预算

（1）正方形吊顶，适合餐厅面积不大又比较方正的格局，可以在中心安装吊灯，配以长方形餐桌。价格在100~140元/㎡。

8-3-1　正方形吊顶餐厅图片

（2）长方形吊顶，可以用灰镜加筒灯和灯带或者吊顶，地面都用实木材质，烘托温馨之感。价格大概在100~200元/㎡。

8－3－2　长方形吊顶餐厅图片

（3）镂空吊顶，是在正方或者长方形吊顶上进行镂空雕花，再安装暗藏灯带，打造自然温馨之感，非常适合新中式风格装修的餐厅。价格在200~400元/㎡。

2.不同材质背景墙预算大不同

（1）镜面墙，可以把白色、灰色、黑色镜子切割成条状搭配石膏板，适合面积不大的餐厅，不仅能够达到放大视觉面积的效果，还不失时尚感。市场价在200~300元/㎡之间。

8－3－3　镜面墙餐厅图片

（2）砖墙，可以选用砖墙图案的壁纸或者直接使用红砖来搭配实木家具，打造质朴、纯净氛围感，价格在30~200元/㎡。

（3）大理石，欧式风格装修可以采用大理石造型的瓷砖装饰墙面，来营造大气高档的感觉。大理石的质感增加了餐厅的宽敞感，配以内嵌式酒柜和欧式木制餐桌椅，与三五好友一起高谈阔论好生惬意，价格在400~700元/㎡。

（4）乳胶漆，多选米白色、白色，或者粉色等偏暖色调，能够让人心情愉悦的色彩。餐厅面积不大时，直接刷乳胶漆，搭配简单餐桌椅和摆件即可。市场价在20~60元/㎡。

3.不同材料的餐厅地面预算

（1）地板砖，图案的选择性比较多，能为餐厅装修增色不少。但是，有老人和孩子的家庭，一定要考虑到地板砖的防滑性不太好，要在餐桌处增加脚垫或者地毯，做好防滑措施。价格在60~150元/㎡。

8-3-4 地板砖餐厅图片

（2）实木地板，有复合地板、密度板、防火板的区分，自然纯实木地板规格最高，价格也最高，施工难度也最大，但是呈现的自然质感也最好。建议餐厅尽量选择深色系实木地板，耐脏。价格在60~200元/㎡。

（3）水磨石地砖，特殊纹理，相比于其他材质更耐脏更牢固，使用寿命较长，适合古典装修风格，价格在30~80元/㎡。

（4）大理石地砖，独有的自然纹理，再加上容易打理，不易滋生细菌，适合餐厅铺设，价格在100~400元/㎡。

8－3－5　大理石地砖餐厅图片

4.实用型餐厅预算省钱秘籍

（1）餐厅的设计最好简单美观，吃饭的地方设计过于复杂反而会影响食欲和心情。因此，餐厅应该尽量选择造型简单、直线条为主的家具。如果餐厅面积有限，价格优惠又方便收纳的折叠桌椅是个不错的选择。

（2）墙面、吊顶选择尽量简单的材料，比如墙面选择壁纸、乳胶漆搭配挂画，或者选择简洁直线条石膏板吊顶，减少花销的同时又不失美观。

（3）选择开放式隔板或者开放式储物柜更节省资金。

第四节　厨房选好橱柜是关键

厨房装修并不复杂，然而却是整个家庭装修中花销最大的项目之一。业主想要预算合理又达到满意的效果，一定要选好橱柜，并注意吊顶、墙面、地面的造型及材质选择。

1.橱柜怎么选是关键

橱柜定制要比厨房装修先开始，先测量好尺寸，然后设计好冰箱、烤箱、消毒柜、洗碗机、集成灶等厨电的位置再定制。

（1）台面选购，一般根据预算、材质和个人喜好来定。实木材质的台面，美观度够高，质量好，适合多种设计风格；耐火板台面，防火性能高，价格适中，缺点是不耐脏，几乎需要每天进行清洁；钢化玻璃台面，表面光滑通透，售后维修比较麻烦；天然花岗岩、大理石台面，有自然的图案和纹理，美观大方但是容易藏污纳垢；石英石台面耐高温、耐腐蚀，但是施工难，尤其是接缝处不太自然；不锈钢台面，方便打理，耐高温，使用寿命也比较长，但是使用时间过久之后，容易变形显旧。

（2）柜体的选购，石材柜体，比较便宜，使用时间较长，但是样式比较陈旧，可以加装PVC材质的垫子加以装饰；瓷砖柜体，需要做美缝，稳定性比较强；铝合金柜体，比较实用结实；不锈钢柜体，容易清洁，价格比较贵。

（3）柜门选购，柜门不仅要考虑质量，还要考虑美观性，尤其需要注意柜门边缘是否收口紧密。

（4）五金配件选购，选购阻尼铰链、滑轨、拉篮时要特别注意，电镀表面没有气泡为佳。

一般来说，橱柜整个算下来的价格在7000~10000元。

2.不同造型厨房墙面

（1）玻化砖，开放式厨房的首选，浅色系玻化砖凸显现代感，深色系玻化砖更显活泼，价格在100~500元/㎡。

8－4－1　厨房玻化砖地砖图片

（2）仿古砖，表面凹凸不平，防滑效果好，自带做旧效果，适合古典、田园装修风，尺寸小适合拼花，防污能力强，价格在180~400元/㎡。

（3）防滑砖，价格在80~220元/㎡，有通体砖、釉面砖、玻化砖、抛光砖，防滑、防潮、防磨，保护家人安全必备，是厨房地面装修理想砖材。

3.不同材质厨房墙面

（1）仿古砖，可以采取直贴或者斜贴的方式铺设，适合美式田园风、地中海风、复古式的装修风格，市场价在150~300元/㎡。

（2）玻璃墙，实际上就是刷了一层烤漆作为保护，可供选择的颜色比较多，有强化保护的效果，方便清洁打理，适合铺设在厨房的料理台台面或者墙面。价格在200~300元/㎡。

（3）亮面转，空间较小的厨房可以采用白色亮面瓷砖或者暗纹亮面瓷砖，放大厨房空间的同时也让厨房显得更加洁净整齐，价格在80~200元/㎡。

4.不同造型厨房吊顶

（1）防火石膏板吊顶，可以分为纸面和无纸面石膏板，秸秆和纤维石膏板，都具有良好的防火、隔热性能，即使遇到明火或者火灾，也可以离火自己熄灭，可谓是厨房安全的首选。再加上易于施工，可塑性强，适合厨房面积较大的装修。价格在100~150元/㎡。

（2）镜面铝扣板吊顶，光泽度和透光率高，适合面积不大的厨房装修，可以达到放大空间的效果，市场价在100~200元/㎡。

（3）印花铝扣板吊顶，实际上以铝合金为原材料，优点就是防火、防潮，容易清洗打理，图案丰富适合多种不同风格的厨房装修，价格在100~200元镜面/㎡。

5.厨房装修预算省钱诀窍

（1）橱柜除了要选大品牌，还要兼顾面积，要根据自家厨房实际面积定制，不要做得过大，因为既浪费钱也没有必要。

（2）吊顶除了选造型和材料，还要注意防水材料的选择，因为厨房用水地方较多，本身比较潮湿。

（3）厨房地面要考虑到防滑性。

（4）尽量集中采购，商家一般还会赠送很多厨具或者灶具。

第五节 卫浴间做好预算少踩坑

卫浴间是装修中又一个单体花销最高的空间之一，注重美观的同时更应该注意实用性和安全性。吊顶、地面、墙面装饰要兼顾防滑和防潮，具体装修材质可以根据装修风格和预算来选择。

1.卫浴间吊顶

（1）铝扣板吊顶，选择米白色、白色、米黄色等浅色系，更显通透感。如果需要安装顶灯或者浴霸，则可以选择合成铝扣板吊顶，价格也更实惠。价格在100~250元/㎡。

（2）塑钢板吊顶，主要成分是UPVC即高密度聚氯乙烯，抗冲击性和耐热性更高，质地轻、好清洗，是一种近几年兴起的新型装饰材料，价格在25~80元/㎡。

（3）桑拿板吊顶，实际是一种经过特殊处理的实木原材料的吊顶，花纹清晰自然，环保性不错，防水不易变形，给卫浴间带来一种自然温馨之感。价格在80~150元/㎡。

2.卫浴间墙面

（1）亚光砖，铺设后卫浴间更显大气稳重。由于卫浴间光源很多，所以不太需要光面的瓷砖，可以有效避免出现光污染。价格在70~180元/㎡。

（2）大理石墙面，适合中高档卫浴间装修。卫浴间的墙面全部贴满大理石，再加上无缝衔接，容易打理清洁的同时还非常富有视觉冲击力，自带质感与华丽感。价格在50~200元/㎡。

（3）马赛克背景墙，一方面可以整体铺设马赛克，也可以局部贴以贝壳、金属等特殊材质的马赛克装饰画，打破传统卫浴间单调感，更富于艺术感。价格在150~300元/㎡。

8-5-1　大理石墙面卫浴间图片

（4）拼花砖墙，适用于面积较大或者较小的卫浴间，主要是在淋浴或者马桶后面使用拼花瓷砖作为过渡。价格在150~350元/㎡。

8-5-2　拼花砖墙卫浴间图片

3.卫浴间地面

（1）瓷砖，价格经济实惠，经久耐用，花色和图案都比较丰富，不易损坏，缺点是遇水后比较湿滑，价格在几十元到几百元都有。

8－5－3　瓷砖地面卫浴间图片

（2）碳化木，主要指的是经过高温处理的，除掉了木质里面的水分、细菌、微生物等杂质，无论是稳定性还是耐潮、防腐性都更强，十分适合卫浴间地面装修的一种木材，价格在70~250元/㎡。

（3）彩色橡胶地板，防水、防滑比较好，一般整张或者以地砖形式售卖，价格在50~150元/㎡。

（4）马赛克，常用于卫浴间地面和墙面的铺设，优点自带装饰感，防水、防滑性好，无须经常打理，价格在120~320元/㎡。

（5）鹅卵石，有强大的吸水性，自带按摩功能，充满了生活情趣，也可以自己设计出不同造型，成本不高，价格在500元/吨。

4.卫浴间装修预算几个不能省的地方

（1）卫浴间水电线路比较多，为了省钱而忽略安全性，买了不合格的材质的电线、水管，或者布线设计有问题，都是麻烦又不安全的事情。

（2）防水材料和地面防滑不能省。墙面和地面防水材料要选好，还需要专业施工，尤其是地面粉刷需要两遍以上，再进行24小时闭水实验。

（3）预留插座不能省，按摩浴缸、智能马桶、吹风机、热水器、功能性浴室柜甚至电视等，空间越大、功能越多，插座需求就越大，一定要预留好。

（4）优质洁具不能省，比如水龙头、喷头、软管等一定要选质量好的。

（5）常用物件，顶灯要选做过防潮处理的，地漏选排水流畅、不返味的。

（6）取暖设备不能少，冬天的时候，浴室应该是个温暖舒适的地方，地暖、浴霸、散热片安装十分必要。

第六节　书房营造书香氛围感

设计书房，不仅仅是为了给孩子创造一个安静的学习环境，也是为了给自己打造一个思考人生和放松心情的专属场地，因此书房的装修需要凸显安静和优雅的氛围感。于是，选什么材料，大概花费多少钱，都要提前做好功课。

1.不同材料的书房地面

（1）实木地板，建议选择深色系木质地板，不仅有助于创造安静的氛围，也更显舒适和自然感。另外，深色系的地板和浅色系吊顶形成强烈视觉冲击，可以创造出一种时空沉淀感。价格在250~550元/㎡。

8-6-1　实木地板书房图片

（2）浮雕凹凸复合地板，不易出现划痕，有木纹的高级感，吸音效果不错，适合书房地板装修，价格在200~350元/㎡。

（3）短绒地毯，好打理，踩上去相当舒适，吸音效果好，尤其建议选择深色系，更为书房增加静谧感，市场价格在50~150元/㎡。

8-6-2　书房短绒地毯图片

2.不同材质造型的墙面设计

（1）浅色乳胶漆，可以刷粉蓝色、白色、米黄色和浅绿色，给人一种宁静安详的感觉。价格比较经济实惠，在25~35元/㎡。

（2）素纹壁纸，素净颜色更容易让人集中精神，书房不适合大理石或者图案颜色过多、过艳的风格，价格在40~120元/㎡。

（3）定制书柜墙，可以把原墙体拆除，直接摆放书柜作为隔断，能够有效扩大书房空间，较小的书房非常适合这种设计。还有一种方式是定制整体书柜作为背景墙，适合书房较大的装修，空荡的位置可以悬挂书画作为装饰。价格比较昂贵，在350~600元/㎡。

8-6-3 书房定制书柜图片

3.不同材质的书房吊顶

（1）胶合板，质地轻盈，抗冲击、抗震动，方便施工和涂刷，也有绝缘的特点，但是容易被白蚁腐蚀，100元~200元/㎡。

（2）吸音板，有木质、布艺、矿棉等材质，具有吸音、保温、防霉变、易清洁的优点，颜色多变，适合多种装修风格，价格在100~200元/㎡。

（3）石膏板平顶，没有任何设计图案，只是在石膏板四周加一圈角线，价格在20~40元/㎡。

当然业主也可以根据装修风格和预算，选择整体吊顶（价格在100~180元/㎡）或者局部吊顶（价格在80~120元/㎡）

4.书房怎么装修好看又实用

（1）书房空间有限，但是书桌、书柜、椅子、沙发却一个都不能少。选择冷色调的、有设计感的小沙发，更容易让人心旷神怡。

（2）书房是家人学习、工作、看书的地方，因为强调安静，装修的时候要考虑到装修材料的吸音和隔音效果，比如可以选择集成墙板、PVC吸音板或者石膏板吊顶。

（3）看书写字自然用眼的地方比较多，因此书房装修中灯光照明的选择很重要。书桌尽量放在靠近窗户的位置，灯具尽量选择可以调节的、不闪烁的稳定光灯具。

（4）书柜不要太高，大小可以根据书房面积大小来确定，也可根据自己平时阅读量来综合考量，不建议定制一些过于个性张扬的书柜，因为最终效果可能并不好。

（5）书房可以简单装饰一些挂画或者有设计感的文具和工艺品摆件，增加空间活力。

第七节　阳台要利用好

阳台是室内空间的延伸，尤其对于室内面积不大的家庭来说，阳台的装饰和装修更显重要。阳台可以满足业主呼吸新鲜空气、养花种草、洗涤晾晒衣物等需求，因此装修时要考虑美观与实用，同时做好相关预算，保证装修时不超支。

1.阳台装修注意事项

（1）注意阳台封装的质量，阳台顶部和护栏处切记留好窗扇的位置，否则容易出现安全事故。

（2）注意阳台密封性，阳台三面凌空，全都会受到大风侵袭。冬日寒风凛冽，雾霾严重，再遇到大雪纷飞，如果阳台密封性不好，那么室内又冷又脏又进水的惨状可想而知。

（3）注意阳台的隔热与保温，有些房地产开发商在建筑房子时会直接给阳台做好外墙外保温隔热，而有些则没有，购置房屋时需要了解清楚。阳台的墙内保温隔热需要业主装修时自己弄。

2.阳台装修地面材质怎么选

（1）木质地板，分为普通木板和阳台专用木板，普通木板适合完全封闭式的装修，专用木板具备更好的防潮、防水、防霉变的效果，可以适用于半封闭式阳台或者露台的设计。价格在200~1000元/㎡。

（2）瓷砖，光感比较好，但是防水能力一般，有水渍后过于湿滑，因此出于安全考虑，建议安装亚光或者光线反射率低一些的防冻、防滑的瓷砖。价格在10~30元/㎡。

8-7-1　阳台瓷砖地面图片

（3）文化石，造型多变自然，反光率低，防滑性能好，尤其适合专门装饰阳台地面或者墙面，价格在40~120元/㎡。

3.阳台装修墙面材质怎么选

（1）阳台贴瓷砖，大部分家庭装修都会选择贴铺瓷砖，原因是瓷砖耐用又防水、防火。由于阳台光线充足，建议使用浅色系瓷砖。如果是封闭式阳台，而且阳台与室内无门阻挡，建议与室内铺设一样的瓷砖；如果是不密封的阳台，则可以选择防滑防火的瓷砖。根据规格和材质的不同，瓷砖的价格在几十元到几百元每平方米之间。

8-7-2　阳台铺瓷砖墙面图片

（2）阳台刷乳胶漆，使用寿命长，颜色长久不变，性价比比较高，清洁起来方便快捷，但是需要购买专业的外墙漆，才不会出现掉色、龟裂的现象。价格在40~350元/桶。

8-7-3　阳台刷乳胶漆墙面图片

（3）铝合金，一般为铝合金一体墙，看切割面是否平整，看表面有无刮痕，厚度一般不低于1厘米为佳，价格在500~1000元/㎡。

封闭式阳台建议墙面贴瓷砖，如果是开放式阳台建议直接涂刷乳胶漆，如果业主打算将榻榻米安装在阳台，也可以直接做刷漆处理。

4.阳台装修吊顶怎么选

（1）桑麻板吊顶，桑麻板经过防腐、防水、防裂的处理，适合阳台吊顶，而且木头的材质纹理，自带一种舒适感和轻松感，适合美式田园风或者现代风格装修。在阳台养些花花草草，摆上一个摇椅，搭配桑拿板吊顶，便可以在此度过一段悠闲的午后时光！价格大概在40~70元/㎡。

（2）塑钢扣板吊顶，实际以PVC为主材，质地轻，具有防火、防水、防腐、经久耐用的效果，图案多，颜色多，还有保温、隔热、易打理的优点，价格比较实惠，在15~30元/㎡。

（3）石膏板吊顶，防火功能强大，还具有调节空气湿度的作用，价格在30~80元/㎡。

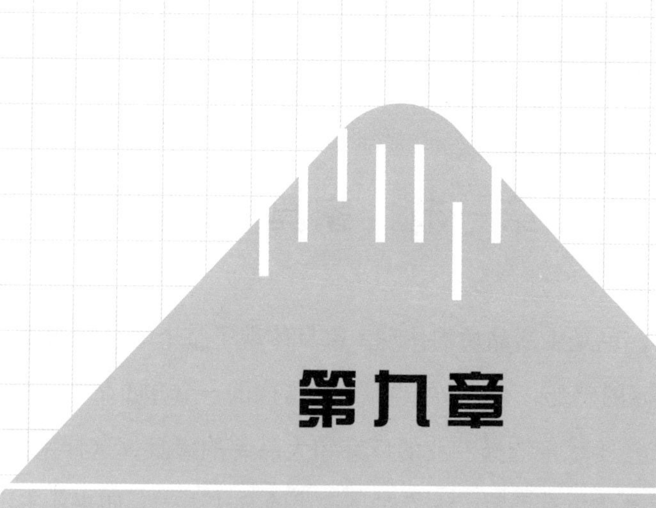

第九章

明确软装配饰，降低预算浮动

第一节 家具

家是温馨的港湾，也是生活品质的体现。家具体现了整个家装的颜值，挑选好家具，才能带来更温暖的感受，不过省钱也是必须考虑的一个方面。

原则上讲，买家具要尽量选择专业的厂家和大品牌的家具，这样家具的质量、设计、材质和售后服务才更有保障。这绝对是省钱的方式之一。如果业主不急于入住的话，建议等到品牌促销时集中进行购买，这样省时间又划算。而且，买家具不要听售货员一家之言，一定要货比三家，同价位比产品质量，同等质量比价格，绝不冲动消费。

1.不同床的特点及价格预算

（1）双层床，优点是节省空间，适合儿童房，尤其是二孩家庭。当然，也可以在下铺放置杂物，适合卧室不太大的装修设计，价格在1000~2500元/张。

（2）欧式软包床，舒适度比较高，大量皮革或者布艺包装，颜值比较高，多有雕花设计，装饰性较强，适合复古或者欧式风格。这类床所占空间较大，适合卧室面积较大的购买。价格在1800~5000元/张不等。

9－1－1　欧式软包床图片

（3）实木床，天然、环保，经久耐用，花纹自然，适合新中式或者复古风格装饰，价格在1500~7000元/张不等。

9－1－2　实木床图片

（4）沙发床，既可以当沙发，来了客人的时候也可以组装成单人床，适合空间不大的现代风格装修，价格在1500~4000元/张。

(5)四柱床，适合古典风格，常带有纯手工雕刻的不同风格、时期的花纹图案，加入不同布料、颜色的布艺软包，更显个性，价格比较昂贵在3000~7000元/张。

9-1-3 四柱床图片

2.不同餐桌的特点及价格预算

(1)红木餐桌，包含酸枝木、鸡翅木等珍稀材质，一般常用于中式装修风格或者古典风格，价格不菲，每张桌子价格在5000~10000元/张。

9-1-4 红木餐桌图片

(选自网络文章《百木汇》——高端家装为什么都用红木家具，一文中的图片)

（2）橡木餐桌，是实木的一种，比较耐用，纹理清晰，看起来有质感又美观大方，价格在3000~8000元/张。

（3）大理石餐桌，很多中国家庭装修中都会用到，是一种白色带黑色花纹的石灰岩，远看像一幅水墨画，适合多种风格装修，价格在1800~3500元/张。

（4）玻璃餐桌，玻璃台面需要搭配实木钢管或者金属支架，视觉上冲击力大，造型新奇，线条感自然流畅，适合多种装修家居风格，价格在1000~2000元/张。

（5）板式餐桌，人造板为主材，多为直线线条，造型简单明了，适合现代简约风设计，价格比较优惠，在600~1500元/张。

9－1－5　板式餐桌图片

3.不同沙发的特点及价格预算

（1）布艺沙发，主要是棉麻布艺或者植绒布、丝绒布材料制成的沙发，棉麻布艺更显自然和谐之意，价格在800~3000元/张。绒布布艺沙发视觉感觉比较华丽，价格在1500~3500元/套。

9-1-6　布艺沙发图片

（2）全实木沙发，主要是榉木沙发（5000~10000元）、水曲柳木（5000~10000元）、红木（几万元到十几万元）、橡木沙发（5000~7000元）等。古典精美，有收藏价值和升值空间，适合古典和高档次装修。

9-1-7　全实木沙发图片

（3）板木沙发，其实是在承重的关键性部分使用纯实木，其余部分用的是黏合的板材，价格不贵，价格在1200~2500元/套。

9－1－8　板木沙发图片

（4）皮革沙发，主要分为纯皮面沙发和麂皮沙发，麂皮沙发就是翻毛皮，一般填充羽绒材质，价格在1000~2500元/张。纯皮面和PU皮面沙发，表面光泽度高，价格在1000~5000元/套。

9－1－9　皮革沙发图片

4.不同衣柜的特点及价格预算

（1）定制品牌衣柜，一般包含上下柜、带门、通体，赠送抽屉，价格在

600~900元/㎡不等。高度为3平方米以上再加上人工费用，定制大品牌衣柜的价格差不多在5000~7000元/套。

9-1-10　定制品牌衣柜图片

（2）实木衣柜，经久耐用，造型优美，环保自然，价格在1000~3000元不等。

9-1-11　实木衣柜图片

（3）板式衣柜，比纯实木的衣柜便宜，经久耐用，想要经济实惠的家具首选，价格在400~800元之间。

9－1－12　板式衣柜

第二节　灯具

灯具在家装设计中不仅仅起到照明的作用，更起到营造气氛的作用，选得合适能够为家居生活增色不少。选购灯具除了考虑装修风格、灯具外形、灯具颜色，还需要考虑整个家装预算和实际需求，这样才能在追求生活品质的同时又做到合理消费。

一般来说，选择灯具首先要考虑房间实际面积。比如，给客厅选主灯，要看客厅面积大小：客厅面积小，选得主灯过大或者过于华丽，都会显得非常突兀；客厅面积大，选择的主灯又太小，光线不足的同时又会非常不协调。另外，选择顶灯和吊灯时，都需要考虑层高。比如，层高较低的家装，适合简洁吸顶灯；层高较高的家装，可以搭配晶莹剔透的水晶灯。而且，不同的空间还需要安装不同作用的灯具，比如筒灯、射灯、壁灯、落地灯等。

1.落地灯

(1)金属落地灯，落地灯一般由支架、灯罩和托盘组成，色彩和造型变换较多，有不锈钢金属落地灯，也有亚光黑漆金属落地灯，适合现代风格装修，价格在300~600元/盏。

9-2-1　金属落地灯图片

（2）木艺落地灯，木质材料为主体框架的灯具，颜色淡雅，具有自然气息，适合多种风格装饰，轻便易移动，价格在200~500元/盏。

（3）铁艺落地灯，更时尚，造型多变，缺点是容易生锈，市场价在150~300元/盏。

2.台灯

（1）从光源上选，可以有白炽灯（40~150元/盏）、卤钨灯（100~200元/盏）、荧光灯（50~150元/盏）和LED灯（50~100元/盏）。

9-2-2　台灯图片

（2）从材质上选，可以分为树脂台灯（100~300元/盏）、木艺台灯（200~400元/盏）、水晶台灯（200~500元/盏）等。

9-2-3　台灯图片

3.吸顶灯

（1）方形、长方形吸顶灯，造型简单，适合简约风和现代风格卧室和客厅，价格在100~600元/盏。

9-2-4　方形吸顶灯图片

（2）球形吸顶灯，是一个立体的圆球形，灯球与底盘相连，造型多变，视觉冲击力较强，适合安装在楼层比较高的房间过道或者客厅，价格在200~500元/盏。

9-2-5　球形吸顶灯图片

（3）半球形吸顶灯，适合光线柔和的房间，价格在200~500元/盏。

4.筒灯

（1）暗装筒灯，与顶灯相互配合，打造温暖之感，多盏叠加效果可以取代主灯，价格在10~20元/盏。

9-2-6　暗装筒灯图片

（2）明装筒灯，看上去是个圆柱形的灯具，易于安装，价格在30~60元/盏。

5.吊灯

（1）玻璃吊灯，玻璃灯罩，有透明、白色磨砂等材质，灯光柔和，价格实惠在150~400元/盏。

（2）水晶吊灯，有天然水晶切磨造型吊灯和重铅水晶吹塑吊灯之分，明显的西式灯具，但是价格较贵，价格在1500~3000元/盏。

9-2-7　水晶吊灯图片

（3）树脂吊灯，质地轻，可以根据业主需求定制出各种质感的效果，装饰效果好，常用于北欧风格装修，价格在400~1000元/盏。

（4）实木吊灯，深色、雕花中式吊灯或者北欧浅色、金属、玻璃罩，价格100~300元/盏。

9-2-8　树脂吊灯图片

（5）金属吊灯，框架为金属材质，有铁质、不锈钢材质、黄铜材质，适合现代、北欧、复古风，市场价在400~800元/盏。

9-2-9　金属吊灯图片

（6）羊皮吊灯，皮质自带柔和效果，更突显房间的宁静与温暖感，配合彩绘图案，价格在300~600元/盏。

第三节　装饰画

随着生活水平的提高，年轻人对家庭装修有了更多自己的要求和想法。而装饰画凭借集装饰功能与美学欣赏于一体的特点，赢得了年轻人的青睐，成了家居装修中不可缺少的一项。那么，不同风格的装饰画应该怎么选？价位又有什么差别呢？一起来看一下吧！

挑选装饰画的原则，首先要牢记风格一致性。由于房间空间上是相互连通的，因此不同房间的装饰画风格应该保持一致。其次，装饰画的选择要考虑房间面积的大小。40平方米以内的房间选择标准尺寸装饰画（50cm×50cm）即可，50平方米以上的房间选择60cm×60cm或者60cm×80cm的装饰画。再次，不同房间选择装饰画要有针对性。比如，客厅是日常生活和接待亲朋好友的地方，适合娱乐性、温馨感的装饰画，像风景画、花草画都比较适合；而书房则适合悬挂静态的装饰画，能够营造安静平和的氛围；卧室则适合抽象画、暖色调装饰画，有助于消除疲倦，快速入眠。另外，选购装饰画要记住颜色的搭配。比如，家装风格偏素净淡雅，装饰画建议选择黄红绿等与其差别较大的活泼颜色。最后，装饰画要与装饰品保持互相呼应的效果。

1.油画装饰画，一般纯手工绘制，可以根据业主需求临摹大师作品或者全新创作。最具贵族气质的装饰画类型，主题多为人物、风景，适合复古风、现代简约风格装潢，价格为150~500元/幅。

9-3-1　油画装饰画图片

2.木质画，顾名思义是用木材为主要原材料的装饰画，比如雕刻木块、麻绳画，或者木材碎片粘贴的写意山水画、脸谱画等。木质画有观赏价值也有收藏价值，能给房间增添自然感和温暖感，价格一般在120~600元/幅。

3.水墨画，主要有黑白和彩色两种，是中国传统绘画，更能增添房间的素净与意境，适合中式装修风格，比如梅花、兰花、山水画适合挂在书房，营造优雅安静的氛围，价格在50~150元/幅。

9-3-2　水墨画图片

4.书法画，多为临摹不同书法名家作品，多为白纸黑墨字，自带艺术感，装裱后适合悬挂在客厅或者书房，适合中式装修风，价格在≥150元/幅。

5.摄影画，主要是摄影师的拍摄作品，多为人物、建筑或者黑白色抽象摄影照，具有强烈的视觉冲击力和时尚感，适合搭配简单设计的画框和现代装修风格，价格大概在50~300元/幅。

9-3-3 摄影画图片

6.编织画，材质主要为毛线、丝绸、丝线、细麻线等，色彩和图案种类比较多，主题多为异域风情、自然风光等，喜欢个性装饰风格的可以选择，价格在100~300元/幅。

7.金箔画，20世纪90年代兴起，纯金、铜箔制作，烙印上彩色画，不会发生变形开裂的情况，适合收藏和悬挂，增添房间华丽感又不落俗套，适合现代时尚风格、东南亚风情的家居，价格在150~650元/幅。

8.烙画，实际上是把木板经过高温烙印而成的一种画，颜色比原木颜色深一些，多采用国画绘画方式，图案多为山水或者花鸟鱼虫，传达一种古朴的情致，价格在150~350元/幅。

第四节　布艺

家庭装饰装修中，诸如窗帘、桌布、床品等布艺产品，是业主装饰家居必备之选。花一些心思选购适合的布艺，可以增添整个房间的温馨感，生活的气息扑面而来。

购买布艺织物省钱又实用的原则之一是学会货比三家，尤其需要对比相同材质、款式的不同品牌之间的价格与服务。其次，要考虑装修整体风格，再根据家具主色调进行选购，结合布艺织物产品的质地、图案、色彩综合考虑，为整个房间增添温馨感。最后，要兼顾布艺饰品的功能性，比如客厅可以买华丽高级布艺，而厨房则应该选择结实耐用耐洗涤的布料。

1.床品的选择

（1）纯棉布料，有平纹和斜纹两种选择，一般高档的绣花多采取平纹纯棉布料。斜纹手感和舒适度更高，摸起来比较厚实，缺点是容易起褶皱，不可以在一百度高温下洗涤，不适合直接熨烫，价格在200~500元/套。

9-4-1　纯棉材质床品图片

（2）贡缎面料，由于其内在密度高，表面较为光滑，手感摸起来比较细腻，富有弹性，光泽度较高，色彩艳丽，属于高档面料，价格也比较贵一些，价格在500~800元/套。

（3）磨毛面料，属于高档精梳棉，自带毛茸茸的柔软手感，保暖性能好，比纯棉面料要重一些，价格在150~400元/套。

9-4-2　磨毛面料床品图片

（4）竹纤维面料，近几年兴起的高科技面料，采用天然毛竹作为原材料，历经高温水煮分解提炼，具有透气、光滑、亲肤的特点，触感清爽，有促进血液循环和加速新陈代谢的效果。竹子自然环保的特性，盖在身上凉而不冰，又被称为“会呼吸的面料”，价格在250~600元/套。

9-4-3　竹纤维面料床品图片

（5）麻类面料，富含高纤维，对皮肤无刺激，体感凉爽，具有护肤、保健、抗菌的效果，一定程度上可以改善睡眠，价格在300~700元/套。

9-4-4　麻类面料床品图片

2.窗帘的选择

不同材质窗帘	特点	价格（元/米）
棉布窗帘	适合卧室，优点便于洗涤，吸潮耐热，摸起来舒适。	30～70
麻布窗帘	适合卧室，手感好，吸湿耐热。	30～70
纱质窗帘	透气性好，透光性好，耐看，增加房间的纵深感，适合落地窗或者飘窗。	50～100
丝绒窗帘	手感细腻，适合复古或者轻奢风格。	30～80
竹帘	清爽、耐用，一般是卷帘形制，适合新中式或者日式风格。	25～60
涤纶窗帘	厚实、耐磨，遮光性好，不易褶皱，适合卧室。	20～50

9-4-5　窗帘图片

2.沙发垫

（1）全棉沙发垫，手感好，不易起球，价格亲民，价格在20~30元/个。

9-4-6　全棉沙发垫图片

（2）植物纤维沙发垫，环保性好，亲肤、吸汗、透气，价格经济实惠，特别适合夏天使用，价格在25~55元/个。

（3）毛线/毛绒沙发垫，图案样式较为丰富，可以根据业主要求进行定制，也可以根据装修风格和个人喜好选择色彩和图案，尤其适合冬季使用，价格在10~35元/个。

3.桌布

（1）PVC桌布，防水防污，有玻璃的质感，质地光滑，家装铺设更显格调与美观，价格在10~20元/米。

（2）纯棉、涤纶桌布，不抗压，容易脏，容易起静电，价格在10~15元/米。

第五节 地毯

追求生活品质的业主，已经不再满足于家装地板来提升舒适感和生活品质，喜欢从软装上下功夫，比如铺张地毯。地毯视觉上给人温暖、温馨的感觉，如何挑选，如何省钱，也有一些门道。

从外观上看，地毯表面线头是否平整，颜色有无色差，有没有出现脱衬或者漏胶的情况。然后考虑地毯的隔音和防滑效果，主要是看其绒头质量和密度，绒头质量越好，密度越高，隔音和防滑效果越好。喜欢色彩艳丽地毯的业主，可以用湿抹布来回摩擦地毯，看看是否掉色。另外，还需要徒手试试地毯的背衬剥离拉力是否大于25N。

1.纯羊毛地毯，有拉毛和平织两种材质，优点是触感好，保暖性能佳，适合放置于卧室床边；缺点是不易清洁，需要吸尘器清理，半年到一年就要送到专业干洗店洗涤，价格在500~1000元/块。

9-5-1 纯羊毛地毯图片

2.化纤地毯，主要是尼龙地毯和丙纶化纤地毯，图案颜色丰富，比较耐磨，价格适中，在120~300元/块。

3.编织地毯，材质主要包含天然的麻、草或者玉米皮，经过染色加工后手工编织而成，自带大自然的气息，色彩艳丽而粗犷，适合新中式家居风格。缺点是容易沾染灰尘，不好清洁，价格在120~300元/块之间。

4.牛皮地毯，有天然皮和人工合成皮革两种材质，自带高级感，装饰效果和保暖效果优良，价格也相对贵一些，在250~550元/块。

5.合成纤维地毯，清洁方便适合餐厅、儿童房，耐磨，价格在200~300元/块。

9-5-2　合成纤维地毯图片

第六节　工艺品摆件

装饰品摆件是进入房间后，最吸引人眼球的地方。选对了工艺品摆件，不仅花不了多少钱，还能提升空间的艺术感。

选购工艺品，首先要看自己家装整体风格，最好选择与家装风格一致，颜色有些差别的工艺品摆件，这样更能凸显装饰效果。另外，还需要关注工艺品的工艺，比如雕刻的工艺品是否传神，上色是否匀称。还要看工艺品的材质，不同空间和装修风格要选不同材质的工艺品，比如金属制品适合客厅，木质工艺品适合书房。

1.陶瓷工艺品，属于中国传统工艺，陶瓷工艺品一般形制都比较精美，质量好的甚至有收藏价值，比如陶瓷花瓶、将军罐、青花瓷摆件等，非常适合中式风格。一些寓意吉祥如意的小动物、神兽摆件也是家装点睛的地方，价格在30~150元/个。

9-6-1　陶瓷工艺品摆件图片

2.金属工艺品，材质主要有金、银、铜、铁、锡、铝合金、不锈钢等，造型主要有人物、动物、建筑、抽象物体等，有金属的质感，能打造出质朴的艺术感。比如，铁艺鸟笼适合做花器或者灯罩，金属烛台则适合北欧风格装饰，营造简约的现代感。金属工艺品经久耐用，不受房间环境约束，价格也不贵，在30~120元/个。

9-6-2　金属工艺品图片

3.水晶工艺品，本身属性晶莹剔透，造型富于变化，材质多为单独采用水晶，或者水晶与金属一起制成。水晶球、各种动植物造型的水晶灯，是比较常见的水晶工艺品，非常适合摆在书房或者古风风格的餐厅。卧室也可以选择水晶灯增加房间的感染力，价格在100~200元/个。

4.木质工艺品，主要是整个木块的木雕或者碎片拼接的工艺品，比如相框、拼接立体画等，适合摆放在书房，但需要注意保持房间湿度，否则容易干裂，价格在50~180元/个。

9-6-3　木质工艺品图片

5.树脂工艺品， 优点是可塑性较强，可以制成各种卡通人物、动物造型，质地轻盈，抗摔，不易碎，价格优势也比较明显，价格在50~120元/个。